牛顿科学馆

Newton
Science Museum

数学都知道 1

蒋 迅 王淑红◎著

北京师范大学出版集团
BEIJING NORMAL UNIVERSITY PUBLISHING GROUP
北京师范大学出版社

图书在版编目(CIP)数据

数学都知道 .1/蒋迅,王淑红著.—北京:北京师范大学出版社,2016.12(2018.3 重印)

(牛顿科学馆)

ISBN 978-7-303-20948-4

Ⅰ. ①数… Ⅱ. ①蒋…②王… Ⅲ. ①数学－普及读物 Ⅳ. ①O1-49

中国版本图书馆 CIP 数据核字(2016)第 170623 号

营 销 中 心 电 话　　010-58805072　58807651
北师大出版社学术著作与大众读物分社　http://xueda.bnup.com

SHUXUE DUZHIDAO 1

出版发行:北京师范大学出版社　www.bnup.com
　　　　　北京市海淀区新街口外大街 19 号
　　　　　邮政编码:100875
印　　刷:大厂回族自治县正兴印务有限公司
经　　销:全国新华书店
开　　本:890 mm×1240 mm　1/32
印　　张:8.5
字　　数:200 千字
版　　次:2016 年 12 月第 1 版
印　　次:2018 年 3 月第 3 次印刷
定　　价:32.00 元

策划编辑:岳昌庆　　　　　责任编辑:岳昌庆　谢子玥
美术编辑:王齐云　　　　　装帧设计:王齐云
责任校对:陈　民　　　　　责任印制:马　洁

数学都知道

王梓坤题

2016.6

中国科学院院士、曾任北京师范大学校长（1984～1989）的王梓坤教授为本书题字。

序　言

　　我们与《数学都知道》的第一作者蒋迅相识于改革开放之初。那时他是高中毕业直接考入北京师范大学的 1978 级学生，我们是荒废了 12 年学业，在 1978 年初入校的"文化大革命"后首批研究生。王昆扬为 1977 级、1978 级本科生的"泛函分析"课程担任辅导教师。

　　蒋迅无疑是传统意义上的好学生，勤奋上进，刻苦认真。他的父母都是数学工作者，前者潜心教书，一丝不苟；后者热情开朗，乐于助人，在同事中口碑甚好。在一个人的成长过程中，家庭的潜移默化即便不是决定性的，也是至关重要的一个因素。蒋迅选择学习数学，或许有这一因素。

　　本科毕业后，蒋迅报考了研究生，师从我国著名的函数逼近论专家孙永生教授。恰逢王昆扬在孙先生的指导下攻读博士学位，于是便有了共同的讨论班及外出参加学术会议的机会，切磋学问。在这以后，与当年诸多研究生一样，蒋迅选择了出国深造，得到孙先生的支持。他在马里兰大学数学系获得博士学位，留在美国工作。

　　由于计算机的蓬勃兴起，那个年代留在美国的中国学生大多数选择了计算机行业，数学博士概莫能外。由于良好的数学功底，他们具有明显的优势。蒋迅现在美国的一个研究机构从事科学计算，至今已有十五六年。

尽管已经改行，但蒋迅热爱数学的初衷终是未能改变。本套书第 2 册第十章"俄国天才数学家切比雪夫和切比雪夫多项式"介绍了函数逼近论的奠基人及其最著名的一项成果，可以看作蒋迅对纯数学的眷恋与敬意。孙永生先生的在天之灵如有感知，一定会高兴的。

蒋迅笔耕不辍，对祖国的数学普及工作倾注了极大的心血。几年前，张英伯邀请他为数学教育写点东西，于是他在科学网上开辟了一个数学博客"天空中的一个模式"，本书的标题"数学都知道"便取自他的博客中广受欢迎的一个栏目。书中集结了他多年来发表在自己的博客、《数学文化》《科学》等报纸杂志上以及一些新写的文章。

本套书的第二作者是我国数学史领域的一位后起之秀王淑红。她将到不惑之年，已经发表论文 30 余篇，主持过国家自然科学基金和省级基金项目，堪称前途无量。据她讲，她受到蒋迅很大的影响，在后者的指导下，参与撰写了本套书的部分章节和段落，与蒋迅共同完成了本套书的写作。

本套书的内容涉猎广泛，部分文章用深入浅出的语言介绍高等和初等的数学概念，比如牛顿分形、爱因斯坦广义相对论、优化管理与线性规划、对数、π 与 $\sqrt{2}$ 等。部分文章侧重数学与生活、艺术的关系，充满了趣味性，比如雪花、钟表、切蛋糕、音乐与绘画等。特别应该指出的是，由于长期生活在美国，蒋迅得以准确地向读者介绍那里发生的事情，比如奥巴马总统与 6 位为美国赢得奥数金牌的中学生一起测量白宫椭圆形总统办公室的焦距、美国的奥数与数学竞赛、美国的数学推广月等。在全书的最后，他介绍了华裔菲尔兹奖得主陶哲轩的博客以及一位值得敬重的旅美数学家杨同海。

全书文笔平实、优美，参考文献翔实，是一套优秀的数学科普著作。

北京师范大学数学科学学院
张英伯[①]、王昆扬[②]
2016 年 6 月

---

① 张英伯 北京师范大学数学科学学院教授，理学博士，博士生导师。1991 年获教育部科技进步奖。曾任中国数学会常务理事，基础教育委员会主任，国际数学教育委员会执行委员，北京师范大学数学系学术委员会主任，《数学通报》主编。

② 王昆扬 北京师范大学数学科学学院教授，理学博士，博士生导师。1989 年获国家教委科技进步一等奖和国家自然科学四等奖。2001 年获全国模范教师称号，2008 年获高等学校教学名师称号。

前　言

　　中国航天之父钱学森先生曾问："为什么我们的学校总是培养不出杰出的人才?"仅此一问，激起了我们若干的反思与醒悟。综观发达国家的教育，无不重视文化的构建和熏陶以及个人兴趣的培养，并且卓有成效，因此，良好科学文化氛围的培育是人才产出和生长的土壤，唤醒、激励和鼓舞人们对科学的热爱是人才培养中不可或缺的一环。数学王子高斯曾言："数学是科学的女王。"因此，数学文化在科学文化的构建和培育中不仅占有一席之地，而且是重中之重。

　　数学作为一种文化，包括数学的思想、精神、方法、观点、语言及其形成和发展，也包括数学家、数学美、数学史、数学教育、数学发展中的人文成分、数学与社会的联系以及数学与各种文化的关系等。自古以来，数学与文化就相互依存、相互交融、共同演化、协调发展。但在过去的600多年里，数学逐渐从人文艺术的核心领域游离出来，特别是在20世纪初，数学就像一个在文化丛林中迷失的孤儿，一度存有严重的孤立主义倾向。在我们的数学教学中，数学也变成一些定义、公式、定理、证明的堆砌，失去了数学原本的人文内涵、意趣和华彩。

　　幸运的是，很多有真知灼见的大数学家们对此已有强烈的意识和责任感，正在通过出版书籍、发表文章、开设数学文化课程、创办数学文化类杂志、网站等一系列举措来努力唤醒数学的文化属性，使其发挥应有的知识底蕴价值和人文艺术魅力。中国科学院院士李大潜教授在第十届"苏步青数学教育奖"颁奖仪式上特别指出："数学不能只讲定义、公式和定理，数学教育还要注重人文内涵。数学教育要做好最根本的三件事：数学知识的来龙去脉、数学的精神实质和思想方法、数学的人文内涵。"

我们对此亦有强烈共鸣，数学与人文本是珠联璧合、相得益彰的，数学教育者理所应当要注重在数学教学中播撒人文旨趣，丰盈学生的人文精神世界。本系列书选取一些典型且富有特色的与生活实际和现实应用有关的数学问题，并紧紧围绕数学这一主题，自然延伸到与之交叉、渗透的若干领域和方面，试图通过新颖雅致的内容、简练清晰的文字、弥足珍贵的图片、趣味十足而又颇具启发性的问题等，竭力呈献给读者一幅幅数学与生活、数学与科技、数学与艺术、数学与教育等共通互融的立体水墨，以期对弥合数学与文化之间的疏离贡献一点光和热。

生活中处处有数学。当你在寒冷的冬季看到纷纷扬扬的雪花，吟哦诗人徐志摩的动人雪花诗篇时，是否想过雪花的形状有多少种？它们是在什么条件下形成的？它们能否在计算机上模拟？能否用数学工具来彻底解决雪花形成的奥秘？

当你倾听美妙的音乐或弹奏乐器时，是否想过数学与音乐的关系？数学家与音乐的关系？乐器与数学的关系？相对论的发明人爱因斯坦说过："这个世界可以由音乐的音符组成，也可由数学的公式组成。"实际上，数学与音乐是两个不可分割的魂灵，很多数学家具有超乎寻常的音乐修为，很多数学的形成和发展都与音乐密不可分。

当你提起画笔时，是否想过有人用笔画出了高深的数学？是否想过画家借助数学有了传世的画作？是否想过数学漫画在科学普及中的独特功用？

当你开车在路上、漫步在街道、徜徉在人海时，是否仔细留意过路牌、建筑、雕塑等？是否在其中品出过数学的味道？我们在本系列书中会带给大家这种随处与数学偶遇的新鲜体验。

数学并不是干瘪无味的，其具有自身的内涵和气韵。数学虽然并不总是以应用为目的，但是数学与应用的关系却是非常密切的。在本系列书中，我们会介绍一些生动有趣的数学问题以及别开生面的数学应用。

数学的传播和交流十分重要。英国哲学家培根曾指出："科技的力量不仅取决于它自身价值的大小，更取决于它是否被传播以及被传播的广度与深度。"我们特意选取几个国外独具特色的交流活动，进行隆重介绍，也在书里间或推介其他一些中外数学写手，以期能对国内的数学普及活动有所启示和借鉴。

英年早逝的挪威数学家阿贝尔说："向大师们学习。"培根说："历史使人明智。"我们专门或穿插介绍了一些史实和数学家的奇闻逸事，希望读者能够沐浴到数学家的伟大人格和光辉思想，从而受到精神的洗礼和有益的启迪。

在岳昌庆副编审的建议下，本系列书先期发行三册，每册的正文包含 15 章左右。第 1 册的内容主要侧重于数学与艺术和生活的关系等；第 2 册的内容主要侧重于一些生动有趣的数学问题和数学活动等；第 3 册的内容主要侧重于数学的应用等。下面是各册的主要篇目。

【第 1 册】

第一章　雪花里的数学

第二章　路牌上的数学、计算游戏 Numenko 和幻方

第三章　钟表上的数学与艺术

附录：数学都知道，你也应知道

【第 3 册】

我们可能都注意到，幼小的儿童常常最具有想象力，而随着在学校的学习，他们的知识增加了，但想象力却可能下降了。很遗憾，学习的过程就是一个产生思维定式的过程，不可避免。教师和家长所能做的就是让这个过程变成一个形成—打破—再形成—再打破的过程。让学生认识到，学习的过程需要随时从不同的角度去思考，去看事物的另一面。本系列书希望给学生、教师和家长提供打破这个循环的一个参考。

特别需要提醒读者的是，我们的行文描述并不仅仅停留在问题的表面，我们会通过自己多年积累的研究和观察，将它们从纵向推进到问题的前沿，从横向尽可能使之与更多问题相联系，其中不乏我们的新思维、新视角和新成果。数学的累积特性明显，数学大厦的搭建并非一日之功。通常来讲，为数不多的具有雄才大略的数学家，高瞻远瞩地搭建起数学的框架，描绘出数学的宏伟蓝图。那么，人们如何去把这个框架填充起来？该填充些什么？又该如何去扩展？我们花费心思，在本系列书中给出了大量的扩展思考（用符号 Q 表示）和相关问题（用符号 题 表示），其目的就是希望给读者一个提示或指引，希望读者学会联想和引申思考，增强阅读的主动性，从而发现潜在的研究课题。这也是本系列书的一大特色。需要说明的是，这些题目有难有易，即便不会也无妨碍，仅作学习和教学的参考未尝不可。

　　我们在每一个章末都注有参考文献，每一册末编制了人名索引（不包括尚健在的华裔和中国人），以便于读者参阅和延伸阅读。在行文中也会注意渗透我们的哲思和体悟，用发自内心的情感来感染读者，希望读者能够有所体会和领悟。

　　数学应该是全民的事业。数学的传播应该由大家一起来完成。社会媒体的出现为我们提供了一个前所未有的机遇。实际上，本系列书的缘起要从第一著者在科学网开办"数学都知道"专栏谈起。自 2010 年起，第一著者在科学网开设了博客，着重传播数学和科学内容，设有"数学文化""数学都知道""够数学的"等几个专栏。其中"数学都知道"专栏相对更受欢迎一些。我们将在每册的附录里对这个专栏作较为深入的介绍。需要强调的是，这个专栏与本系列书有本质的不同。"数学都知道"专栏是一个数学信息的传播渠道，属于摘抄的范畴，而本系列书则是我们两人多年来数学笔耕的结晶。除了已公开发表的文章外，本系列书不少章节是从未发表过的。但由于这个专栏的成功，我们在此借用它作为本系列书的书名。在此，感谢科学网提供博客平台，也感谢科学网编辑的支持！

在本系列书中，我们试图把读者群扩大到尽可能大的范围，所以对数学知识的要求从小学、初中到大学、研究生的水平都有。本系列书可以作为综合大学、师范院校等各专业数学文化和数学史课程的参考书，供数学工作者、数学教育工作者、数学史工作者、其他科技工作者以及学生使用，也可以作为普及读物，供广大的读者朋友们阅读，对想了解数学前沿的研究生亦开卷有益。

本系列书含有许多图片。对于非著者创作的图片，我们遵循维基百科的使用规则和原著者的授权；对于著者自己提供的图片，遵循创作共用授权相同方式共享(Creative Commons license-share-alike)。本系列书所有章节都参考了维基百科上的内容。为避免重复，我们没有在各章的参考文献中列出。

虽然第一著者现在已经不再专门从事数学的教育和研究工作，但出于对数学难以割舍的情感而在业余时间里继续写作数学科普小品文。在一定的积累之后，著书的想法已然在心里萌生。最终决定与同为数学专业的第二著者一起合作本系列书，更多地是为了心灵的安宁，为了心智的荣耀。而我们是否能最终得到这份安宁和荣耀，则要请读者来给予评判。

寒来暑往韶华过，春华秋实梦依在。我们说有一颗怎样的心就会有怎样的情怀，有怎样的情怀就会做怎样的梦。如果读者在阅读本系列书时，能感受到我们的满腔赤诚，将是对我们最大的褒奖！如果读者在阅读中有所收获，将是对我们莫大的慰藉！如果全社会能营造起良好的数学文化氛围，相信"钱老之问"就有了解决的一丝希望。腹有诗书气自华，最是书香能致远。衷心希望本系列书对读者有所裨益！

由于本系列书涵盖的内容十分广泛，有些甚至是尖端科技领域，限于著者水平，错误和疏漏在所难免，我们真诚地欢迎广大读者朋友们予以批评和指正，以便我们进一步更正和改进。

在本系列书即将付梓之时，我们首先衷心感谢王梓坤先生为本书题字。王先生虽然高龄，但在我们提出请求后的当天就手书了五个书名供我们挑选。衷心感谢为本系列书提出宝贵建议和意见的专家和学者们！衷心感谢张英伯、王昆扬教授一如既往的大力支持和无私惠助；衷心感谢母校老师对我们的悉心培养！衷心感谢《数学文化》编辑部所有老师对我们的厚爱；第一著者借此机会衷心感谢他的导师孙永生先生的谆谆教诲。孙先生已经离开了我们，但是他对第一著者在数学上的指导和在如何做人方面的引导是第一著者终生的财富。还要衷心感谢科学网博客和新浪微博上的诸多网友，特别是科学网博客的徐传胜、王伟华、李泳、程代展、王永晖、李建华、曹广福、梁进、杨正瓴、张天蓉、武际可和新浪微博的"万精油①墨绿"、数学与艺术 MaA、ouyangshx、哆嗒数学网等网友。我们通过他（她）们获得了一些写作的灵感和素材。衷心感谢北京师范大学出版社张其友编审的大力支持和热心帮助！衷心感谢北京师范大学出版社负责本系列书出版的领导和老师们！

最后，衷心感谢我们的家人给予的温暖支持！

蒋迅，王淑红
2016 年 3 月

---

①　此处为笔名或网名。全套书下同。

目　录

第一章　雪花里的数学

当我们看到这些漂亮的雪花（如图 1.1）时，一定对大自然的奇妙力量而感到神奇。有人说，每一片雪花都是不同的。真是这样吗？美国《国家地理》有一篇文章说"这很可能是真的"。但《生命科学》上刊登了一篇文章指出"雪花是可能重复的"。有人甚至宣布发现了两片完全一样的雪花。其实这并不难理解。专家们估计，每年有 10^{24} 片雪片飘落下来，从统计学的角度说，当然很可能有相同的雪花。不过我们对这样的"数学"问题并不感兴趣。如果我们试图穷举雪花的图形的话，我们就走进了一个死胡同，因为我们是不可能收集所有的雪花图形的，这样做只能让我们更加迷茫。我们更感兴趣的是，人们能否用数学作为工具彻底解决雪花形成的奥秘：它们有多少种？它们是在什么条件下形成的？它们能否在计算机上模拟？

图 **1.1**　漂亮的雪花/SnowCrystals.com

1. 雪花研究史

让我们首先来了解一下人类对雪花认知的历史。人类对雪花的研究已经有上千年了。科学松鼠会有一篇桔子①作为新年礼物奉献给读者的走笔优美的"雪花史"。维基百科也有一篇"雪花研究史"，追溯到西汉经学家韩婴。

雪花也是数学家感兴趣的课题。1611 年，天文学家和数学家开普勒就预言，六角结构将反映出位于其下的结晶结构。26 年后（1637 年），数学家、哲学家笛卡儿第一次详述了雪花的外形。英国博物学家、发明家罗伯特·胡克在他 1665 年出版的《显微图谱》中描述了雪花的结晶。此后对雪花的研究就在很长一段时间内处于停滞的状态。

在研究雪花的历史里，有一位不能不提的是美国农民班特雷，他拍摄了一些雪花的图片（如图 1.2）。他在少年时代就对雪花开始感兴趣。他的母亲送给他一个显微镜，他就在显微镜下观察雪花并随手画下来。但是雪花融化得太快了。正好市场上有了大画幅相机，班特雷倾其所有买下了昂贵的相机。在经过了一番挫折后，他终于在 1885 年 1 月 15 日拍下了第 1 张雪花照片。值得一提的是，他拍摄雪花的技术事实上一直延续至今。他一生一共拍摄了5 000多张雪花照片，这些照片对于科学家和数学家影响巨大。通过自己的亲身观察，他得出结论：没有两片雪花是相同的（不知道这是不是第一次书面的记录）。2010 年，他拍下的最早的雪花照片在纽约拍卖，每张 4 800 美元。不过他在世时却少有人问津。尽管

---

①　此处为笔名或网名。全套书下同。

有一些机构购买了他的作品，但远远不够他在拍摄雪花中的投入，所以他一直过着贫困的日子。1931 年 12 月 23 日是一个暴风雪的日子，身患肺炎的他却坚持步行出去拍摄雪花，不幸的是他体力不支最终倒在了荒野中。班特雷远非一位数学家，但他是一位在雪花史中不能不特写的人物。

图 1.2 班特雷雪花 /维基百科

对雪花的研究迈出一大步的是日本物理学家中谷宇吉郎。他在 20 世纪 30 年代第一次把雪花进行分类，并首次在实验室实现了人工结晶。在此基础上，他制作了一个雪花形态图表。用他的这个图表可以预测在任何给定温度和湿度条件下雪花的主要类型。通过班特雷、中谷宇吉郎等的努力，人们把雪花大体分为 80 种类型，其中一种叫作"其他"，意味着这项工作还应继续下去。这个分类被称为"Magono-Lee 类"。到 2013 年，分类数已经达到了121 种。

　　关于班特雷和中谷宇吉郎，还是去读桔子的精彩"雪花史"吧，现在让我们继续讨论雪花里的数学。

2. 计算机辅助

　　在 20 世纪开始时，对雪花的研究向几何方法上发展。1904 年，科赫发表了一篇论文"关于一个可由基本几何方法构造出的无切线的连续曲线"，描述了科赫曲线的构造方法。这是最早被描述出来的分形曲线之一——著名的"科赫雪花"（如图 1.3）。虽然"科赫雪花"不是真正意义上的雪花模型，但是科赫的方法——在多面体上无限地改进——与班特雷使用的图解方法异曲同工。目前，人们所知道的是，雪花的基本构造是基于天然冰之分子的六边形。但人们对水汽到底是如何如此自我精心设计成美丽的雪花仍然知之甚少。

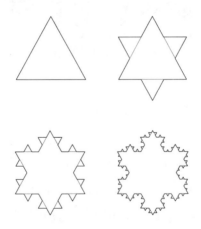

图 1.3　科赫雪花/维基百科

　　关于"科赫雪花"有很多研究。读者可以 题 计算每一步迭代中

"科赫雪花"的周长和面积；也可以考虑一些变形，比如🔷如果初始形状不是等边三角形而是一个正方形时我们会得到一个什么样的雪花？

1986 年，美国混沌理论方面的物理学家帕克提出了一个极其简单的格状自动机模型（如图 1.4）。帕克是对结晶过程提出他的模型的，当然对雪花也适用。格状自动机也叫元胞自动机，最早是由冯·诺依曼在 20 世纪 50 年代为模拟生物细胞的自我复制而提出的。而帕克则注意到了结晶的自我复制机制。这一步为人们在计算机上实现数字雪花打开了大门。

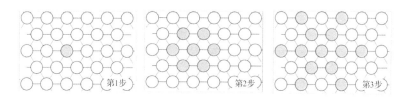

图 1.4 帕克的模型 /作者

帕克还注意到雪花的自我复制是在尖头上，所以他做了一个假设：如果一个节点只有一个邻居是结晶的，那么这个节点就结晶，如果有两个是结晶了的，那么这个节点就不结晶；当然已经结晶了的节点保持结晶。这个过程无限重复。图 1.4 显示了在重复两次之后的效果。🔷如果读者好奇的话，考虑一下第 4 步该是什么样子呢？这只是其中一种假设。还有其他的假设，就导致不同形状的雪花图形。比如，可以假定当有 1 个、3 个或 5 个邻居是结晶时，这个节点就被结晶。为后面叙述方便，我们把第 1 种结晶法称为"Hex 1"，把第 2 种称为"Hex 135"。这样的选择法则在 $\{3，4，5，6\}$ 这 4 个邻居数量上可以不同，一共有 16 种法则。图

1.4 是我们说的第 1 种选择法则"Hex 1"过程的第 1，2，3 步。沃尔夫勒姆研究了这种选择法则，他在观察了 30 步之后，得出结论：

人们预计在一片特殊雪花生成的过程中会在树状和面状两种状况里交替，新的分支不断生成但又互相碰撞。如果我们观察真正的雪花，一切迹象表明，这正是所发生的事情。事实上，一般地说，上面的简单的格状自动机似乎显然成功地复制了雪花生成的所有明显的特征。

Ｑ 上面的讨论中，我们默认了一个事实：在一个迭代过程中，雪花一直保持着同一个法则扩散。但显然在自然界中的雪花不一定是按照一个固定的法则扩散的。很有可能，第 1 步遵循"Hex 1"，第 2 步就变成了"Hex 135"，第 3 步又成了"Hex 1345"。这样的格状自动机模型也有人考虑过。

从这个例子，我们看到了计算机模拟开始扮演重要的角色。帕克的这一步是成功的，因为帕克生成的雪花即使让一个小学生去看，他也会说出那是一个雪花。还有一点更重要，正如沃尔夫勒姆说的：通过计算机模拟可能是预测某些复杂系统如何发展的唯一途径……生成"帕克雪花"模式的唯一可行的方法是由计算机模拟。

3. 物理学的帮助

帕克的方法还是有局限性的，人们对雪花的物理属性的认识还必须深入（如图 1.5）。让我们再回到物理学家在这方面的努力来。有时候对自然界的认识就是这样通过数学家和物理学家的相互促进完成的。在加州理工学院有一位天体物理学教授利伯布莱切特(也译为利波瑞特)。他 1984 年毕业于普林斯顿大学，获得博士学位，现任加州理工学院物理系主任。利伯布莱切特是学天文学的，但近年来对雪花做了大量研究。这多么像 400 年前的开普勒啊。一开始利伯布莱切特完全是出于好奇，但很快就把好奇与自己受到的数学、物理学方面的严格训练结合到一起，成了一名研究雪花微观世界的自觉的科学家。

图 1.5　比较"帕克雪花"和真实雪花/格拉夫纳

　　虽然雪花千变万化，但科学家感兴趣的是：有多少种不同类型的雪花。在这一点上利伯布莱切特和中谷宇吉郎不谋而合。利伯布莱切特把雪花的分类从中谷宇吉郎等的 80 种简化到 35 种。现在比较标准的平面结晶分类是 19 种——13 个 Magono-Lee 类，6 个利伯布莱切特类，形状都是六边形。对雪花分类的意义在于，虽然人们不可能用计算机复制所有的雪花，但是可以试图复制全部的雪花类型。2016 年，利伯布莱切还在实验室里成功地制作出了在完全一样的环境里的"全等雪花"。

　　对雪花分类的意义还在于，人们可以针对雪花的每一类给出一个比较合理的物理解释。下面表格中的雪花图片就是利伯布莱切特利用特制的雪花显微照相机拍摄的，展示了安大略省北部地区、阿拉斯加州、佛蒙特州、密歇根州上半岛和加州内华达山脉地区飘落的雪花。下面是他对几种雪花给出的一些解释(如表 1.1)。

表 1.1　雪花的分类/新浪科技，SnowCrystals.com

六棱柱状雪花：它是最基本的雪晶形状，一般个头很小，不太能够用肉眼进行观察	普通棱柱状雪花：它与六棱柱状雪花较为相似，不同之处在于，其表面装饰着各种各样的凹痕和褶皱	星盘状雪花：它有 6 个枝干，形状与星星类似，表面经常装饰着极为精细的对称性花纹，较为常见

扇盘状雪花：它也是一种星盘状雪花，不同之处在于，在相邻的棱柱表面之间有特殊的指向边角的脊	树枝星状雪花：它的个头很大，直径一般可达 2～4 mm，很容易用肉眼观察到	树枝星状雪花：它的枝干有大量边枝，是个头最大的雪花，由单一的冰晶——水分子首尾相连而成

空心柱状雪花：它是六边形柱体，两端是锥状中空结构，个头很小，需要使用放大镜才能看到空心	针状雪花：它身材苗条，约在 −5℃ 形成，温度变化时，从又薄又平的盘状变为细长的针状	冠柱状雪花：它先生成短而粗的柱状，后被吹入云层变成盘状，最后盘状晶体在一个冰柱的两端生长

续表

	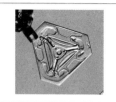	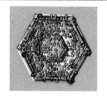
罕见的 12 条枝杈雪花：它由两片雪花组合而成，其中一片相对于另一片作了 30°旋转	三角晶状雪花：当温度接近于－2℃时，雪盘就生成了这种被截去尖角的三角晶状雪花	霜晶状雪花：有时，云中的小水滴会与雪晶相碰撞并粘在一起，这种冻结的水滴称为霜

通常的雪花是正六边形的，但是我们发现也有其他形状。现在，通过在可控制的实验室条件下，人们可以培育雪花。科学家发现雪花形状在很大程度上取决于温度和湿度。通过图示我们可以看到雪花在不同条件下形成的形状（如图 1.6）。

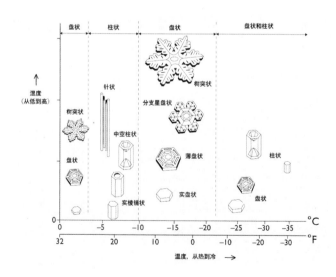

图 1.6 雪花形状与温度、湿度的关系/SnowCrystals.com

图 1.6 告诉我们，在通常条件下，雪花都是正六边形的。这一点在现在的科学理论框架下不难理解。让我们这样想象一下（如图 1.7）：一滴极冷的水滴在天空中遇到花粉或尘埃而形成冰晶。由于冰晶由冰态的水分子组成，而在这个状态下水分子是六边形结构。在冰晶飘向地面的路程中，更多的水汽与其相遇并生成新的结晶，这样就形成了雪花的 6 个分支。关于对称性，利伯布莱切特是这样解释的：一片雪花可能需要经历 30 min 的时间才能形成，而在这段时间里，它可能飘过了上千米的路程。在这个过程中，它周围的环境一直在变化着。但是，一片雪花的每一分支都经历的是同一个增长过程。因此它们同步增长，虽然每一分支都不知道其他分支是如何增长的。后面，我们还将对这个图作一些讨论。

图 **1.7**　雪花形成示意图／NASA①

需要指出的一点是，虽然我们看到的绝大多数雪花图片都显示了雪花形状的对称性，但是在现实中还是有大量的非对称的雪花，只不过摄影师往往喜欢把他们认为更美丽的图片介绍给大家。

利伯布莱切特的研究得到了世人的注意。2004 年，利伯布莱切特获得了美国"国家户外图书奖"。2006 年，美国邮政局把利伯布莱切特的 4 个雪花图片印到了当年的圣诞邮票上。2010 年，瑞典把"伦纳德·尼尔森奖"授予他。他的工作把数学、物理和化学

---

①　NASA 是美国国家航空航天局的简称。下同。

转化成了完美的图案，让人们从微观看到了千变万化的大自然是有其内在规律的。除了利伯布莱切特外，俄国人克立雅托夫也有许多精彩作品，并且具体介绍了他的拍摄方法。

从 20 世纪 80 年代起，物理学家和数学家开始寻找合理的数学模型。他们的途径包括：表面张力模型、蒙特卡罗方法、偏微分方程、元胞自动机、混沌理论、有限元方法等。所有这些努力为数学家建立合理的数学模型做好了准备。现在，数学家可以披挂上阵了。

4. 元胞自动机模型

在数学家中，首先应提到的是加州大学戴维斯分校的格拉夫纳教授和威斯康星大学麦迪逊分校的格里夫耶斯教授。他们花费了 4 年的时间终于开发出了一种电脑模型，可以随意模拟出具有对称平衡之美的雪花的数学模型。格拉夫纳和格里夫耶斯的模型对雪花的生成提供了一个令人瞩目的数学基础。

格拉夫纳和格里夫耶斯从 2005 年起开始研究雪花模型（如图 1.8），2006 年开始建立 3D 模型并在 2007 年基本完成了建模。他们的工作首先从二维开始。他们对于"帕克雪花"进行了深入研究，得到了一些不可思议的结果。比如，他们从数学上严格地证明了"帕克雪花"的"密度"都是严格小于 1；他们还证明了一个有悖直觉的结论："Hex 14"的密度大于"Hex 134"。

Q 前面说过，"帕克雪花"一直保持着同一个法则扩散，但在自然界中的雪花不一定是按照一个固定的法则扩散的。虽然有人考虑过这样的格状自动机模型，但从数学上研究其可行性还是未知的。

扇形盘状雪花（K.利伯布莱切特）

扇形盘状雪花模拟

分支星盘状雪花（K.利伯布莱切特）

分支星盘状雪花模拟

图 **1.8**　比较真实雪花和计算机产生的雪花 /格拉夫纳

　　在此基础上，他们又向前迈了一步，而这一步是突破的一步，是使人类对雪花的认识更上一层楼的一步。他们把雪花结晶的动力学归入粒子系统的流体动力学，以雪花的物理原理为基础，并力图在介观体系（Mesoscopic）的层次上抓住雪花形成过程中的物理、化学特征，运用非线性动力系统中三维耦合映像格子模型和布朗运动理论中的粒子内部扩散限制聚集模型，深刻描述了雪花的结构形态。在研究中大量运用了随机过程、统计物理和偏微分方程理论的新成果，并把它们交会到一起。另外，他们建立的模型也从二维推广到了三维。如图 1.9 所示的就是其中之一：左边

图 1.9 雪花三维模拟/格拉夫纳

是用 Matlab 生成的图像，右边是在左图基础上用光线跟踪软件加工后的效果。我们不可能把他们的结果全部介绍出来，仅用下面一组方程式来让大家初步了解其算法的复杂度。其中 $\mathbb{T}$ 是平面正三角形网格，$N_x^{\mathbb{T}}$ 是点 x 的平面邻居。$\mathbb{Z}$ 是纵向网格。$d^\circ(x)$，$d'(x)$，$d''(x)$，$d'''(x)$ 是 x 点在每一小步的扩散质量。$b^\circ(x)$，$b'(x)$ 是 x 点在每一步的边界质量。$e_3 = (0, 0, 1)$，$a_t(x) = 1$，若 $x \in A_t$，否则是 0。

$$d'_t(x) = \frac{1}{7} \sum_{y \in N_t^{\mathbb{T}}} d_t^\circ(y),$$

$$d''_t(x) = \frac{4}{7} d'_t(x) + \frac{3}{14} \sum_{y \in N_t^{\mathbb{T}}, y \neq x} d'_t(y),$$

$$d'''_t(x) = (1 - \varphi)(1 - a_t(x - e_3))d''_t(x) + \varphi(1 - a_t(x + e_3))d''_t(x + e_3),$$

$$b'_t(x) = b_t^\circ(x) + (1 - \kappa(n_t^{\mathbb{T}}(x), n_t^{\mathbb{Z}}(x)))d_t^\circ(x),$$

$$d'_t(x) = \kappa(n_t^{\mathbb{T}}(x) n_t^{\mathbb{Z}}(x))d_t^\circ(x).$$

若 $b_t^\circ(x) \geqslant \beta(n_t^{\mathbb{T}}(x) n_t^{\mathbb{Z}}(x))$，则 $a'_t(x) = 1$。

$$b'_t(x) = (1 - \mu(n_t^{\mathbb{T}}(x), n_t^{\mathbb{Z}}(x)))b_t^\circ(x),$$

$$d'_t(x) = d_t^\circ(x) + \mu(n_t^{\mathbb{T}}(x) n_t^{\mathbb{Z}}(x))b_t^\circ(x).$$

图 1.10 离散雪花生成动力方程组/格拉夫纳

细心的读者可能发现表 1.1 和图 1.7 的雪花中有一个是三角形（还有一个十二边形的）。人们几百年前就注意到了这种形状，但一直无法解释。尽管三角形雪花很少，他们在实验室里看到的三角形雪花比统计模型显示的要多。这说明，在自然界里的三角形雪花也应该更多，更经常。他们还注意到，有些雪花虽然是六边形的，但仔细看的话，你会发现，它们有 3 条边长一些，而另 3 条边短一些，所以从总的形状上看，它们其实是三角形的。三角形雪花与温度、湿度似乎没有紧密的关系。利伯布莱切特提出一种假设：在雪花飘落的过程中，有时一条边会沾上一点点尘埃。这造成了雪花飘落时向上倾斜，而在下面的一条边会在风的作用下更快地成长，使得雪花变成了稳定的三角形。当雪花成了三角形形状之后，它就一直保持着这种形状。

Q 格拉夫纳和格里夫耶斯也研究了三角形和十二边形雪花。不过，他们不是按利伯布莱切特的解释做的模拟。他们是从一开始就假定雪花的生成元是三角形的，因此最后生成的雪花也是三角形的。这似乎与利伯布莱切特的猜测不同。其实关键是利伯布莱切特所说的尘埃的影响是在什么时候发生的。如果是在雪花核一开始就已经发生了的话，那么利伯布莱切特的说法就和格拉夫纳的假定相吻合了。当然这个解释还不具有太大的说服力。仔细观察的话可以注意到，自然界的雪花很多都是不对称的。有理由猜测这样的雪花从一开始就是不对称的。三角形雪花只是一个特例。也许，最终的答案还要数学家们去解决。

2008 年 1 月，加州大学戴维斯分校首先宣布了格拉夫纳和格里夫耶斯的工作。随后，包括路透社、发现频道、《芝加哥论坛》《洛杉矶时报》《科学日报》等媒体对他们的工作加以报道。可以说，他们的工作在数学上开创了一个新的领域。

　　NASA 科学家克鲁恩和郭国森在格拉夫纳等的基础上研究了雪花形成的数学模型。他们在计算机模拟过程中间有意改变代表物理量的参数值，得到了一些有趣的结果。图 1.11 就是先选取适合纵向增长然后在中途变成适合横向增长的参数所得到的雪花图片。图 1.11 与格拉夫纳和格里夫耶斯的图 1.9 非常相像，因为他们借鉴了格拉夫纳和格里夫耶斯的模型，也使用了同一个光线跟踪软件。重要的是，他们把格拉夫纳和格里夫耶斯的算法在集群计算环境里利用"讯息传递界面"（MPI）和"区域分解方法"来实现并行计算。特别地，他们没有局限于原来的对称性限制。因此更容易实现在现实中常见的非对称雪花结晶。

图 1.11　由于参数改变产生的奇特雪花 /NASA

　　现在，在计算机上实现一片雪花已经不是一个太难的事情了。如果读者有兴趣的话，也可以自己在计算机上"制造"出雪花来。格拉夫纳和格里夫耶斯提供了他们的 Matlab 程序。不过，因为

Matlab 是脚本语言(Scripting Language),所以运行起来可能会比较慢。还有一个办法就是我们前面提到过的分形,最早、最著名的科赫雪花就是其中之一。

5. 相变的有限元解

用有限元方法也可以生成雪花(如图 1.12)。它是以相变(phase transition)为出发点。相变是指物质在外部参数(如温度、压力、磁场等)连续变化之下,从一种相(态)忽然变成另一种相(态),最常见的是在一定的条件下,冰变成水和水变成蒸气等,也有可能是相反的过程。我们把这样的过程称为相变。因为水和冰之间的边界不是固定的,所以它形成的热传导方程是一个自由边界问题。对这个自由边界的最简单描述(或者说,最简单模型)就是在这个界面上,温度为零摄氏度。让我们考虑一个最简单的

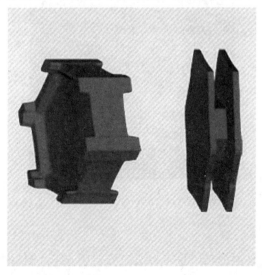

图 1.12　用有限元方法生成的雪花/加克

一维情况。这个情况和本文讨论的雪花问题不完全一样，但是也许可以帮助读者加深理解。假设在 $[0，+\infty)$ 区域上的冰和水。假定在开始时整个区域都是冰。我们从左边提供一个热源，于是冰开始熔化，在 t 时刻，区域 $[0，s(t)]$ 变成了水。忽略边界条件和初始条件，我们得到在 $[0，s(t)]$ 上的热传导方程：

$$\frac{\partial u}{\partial t} = \frac{\partial^2 u}{\partial x^2}, \qquad (x，t)：0 < x < s(t)，t > 0，$$

这里，$u=u(x，t)$ 是温度，$s(t)$ 是自由边界。在自由边界上温度是零，所以 $u(s(t)，t)=0$。注意自由边界 s 是随时间而变的曲线（或曲面），我们还应该有一个在 s 上的条件。最常见的就是著名的"史蒂芬条件"（Stefan Condition）：

$$\frac{\mathrm{d}s}{\mathrm{d}t} = -\frac{\partial u}{\partial x(s(t)，t)}, \qquad t > 0。$$

也就是说，自由边界随时间的变化率和温度在自由边界上位移的变化率成正比，方向相反。相应的偏微分方程就是"史蒂芬问题"（Stefan Problem）。为了说明相变的性质，我们再稍微深入一步。物理实验表明，在自由边界上，温度达到零度，但不会立即继续升温。这里有一个积蓄能量的过程，直到增加了 L 单位的能量（潜热）后温度才会继续增长。让我们引入一个新的变量 y 来表示水在这个冰和水混合的区域里所占的百分比，并假定 $L=1$。我们定义 $v=u+Ly=u+y$。这里，y 是阶梯函数：$y=1$，如果 $0<x<s$；$y=0$，如果 $x>s$；$0<y<1$，如果 $x=s$。

v 决定了相变的热动力。引入函数 $h(z)=\min(z，0)+\max(z-1，0)$（如图 1.13）。则上面的热传导方程可以写成：

$$\frac{\partial v}{\partial t} = \frac{\partial^2 v}{\partial x^2}。$$

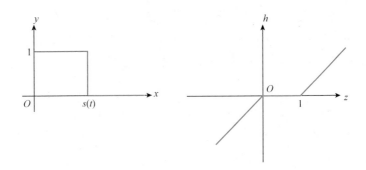

图 **1.13**　阶梯函数 $y(x)$ 和分段线性函数 $h(z)$ /作者

　　经过这个变换，上述方程在整个半实数轴 $[0，+\infty)$ 上成立，温度 $u = h(v)$。方程本身成为退化的抛物形偏微分方程。这样做的好处在于，人们可以运用变分和有限元的方法在一个固定的区域里得到方程的数值解。上面的讨论不是一个严格的讨论，只是希望帮助读者理解下面要介绍的相变的有限元解法的思想。从这样的描述看，雪花的形成问题应该是与相变问题紧密相关的，因为在第 3 节里我们已经看到，雪花是由水珠在一定的温度和湿度条件下形成的，从这个意义来说，就是一个结晶的过程。从数学上说，人们需要做的就是研究自由边界表面随时间的变化。一片雪花的形成过程是否也能用相变的数学模型来描述呢？

　　2012 年年初，英国伦敦帝国学院的巴瑞特教授和纽伦伯格教授与德国雷根斯堡大学的加克教授就按照这个思路做出了一些新的工作："雪晶体生长中分面格式形成的数值计算。"这是他们在自由边界问题的有限元分析的成果之上对雪花研究方面的一个有意义的新尝试。

　　让我们先回到在第 3 节中的"雪花形状与温度、湿度的关系"那张图（如图 1.6）。很明显，雪花的形状与温度和湿度有关。当温度刚刚在冰点之下的时候，如果湿度比较低的话，出现柱状雪花；如果湿度比较高的话，就出现树突状雪花。当温度在$-5°$C附近时，如果湿度比较低的话，出现实心柱状雪花；如果湿度比较高的话，就出现空心柱状雪花和针状雪花。当温度低到$-10°$C以下时，如果湿度比较低的话，出现实心盘状雪片；如果湿度比较高的话，就出现树突状雪花。当温度到$-25°$C以下时，如果湿度比较低的话，出现实心盘状雪片；如果湿度比较高的话，就又出现柱状雪花。从物理意义上说，雪花的形成过程是固体和气体的边界（即自由边界）变化的过程。而这个自由边界的变化是由于水分子的分离和附着等过程。在这个过程中满足物质守恒定律，同时表面能量达到极小。另外我们知道，冰是一种六方晶系的晶体，基本形态是六边形的片状和柱状。冰晶体的各向异性（hexagonal anisotropy）导致其物理性能（如导热性）随着方向的不同而有所差异。这种六边形的各向异性也必须考虑进去。巴瑞特、纽伦伯格和加克根据上述条件引入了一个与雪花相关的结晶（Crystallization）的数学模型——准静态的扩散问题（quasi-static diffusion problem）。

　　他们的巧妙之处在于把雪花的轮廓看成是一个自由边界，然后在自由边界上施加具有物理意义的复杂条件。对相应的偏微分方程建立其变分形式，以便运用有限元方法找到数值解。为了实现不同形状的雪花，他们通过改变方程组里的饱和参数$u_D = u_{\partial\Omega}$、凝结系数β和表面能量六边形的各向异性参数γ来实现。我们同样不准备对他们的方程组进行详细的讨论，而是转到数值计算上来。

　　在建立了一组偏微分方程之后，他们进而用有限元方法进行了数值计算。图1.14就是他们数值计算的一些结果。为了方便观

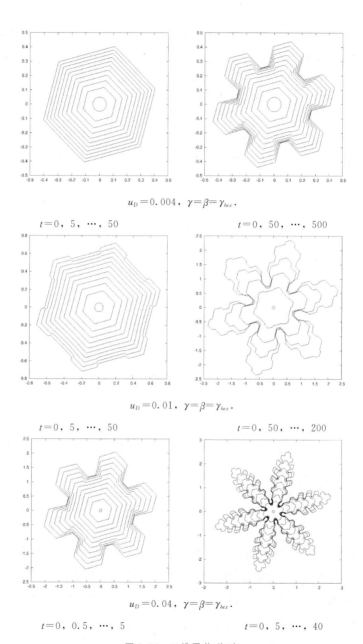

$u_D = 0.004$, $\gamma = \beta = \gamma_{hex}$.

$t = 0$, 5, $\cdots$, 50 $t = 0$, 50, $\cdots$, 500

$u_D = 0.01$, $\gamma = \beta = \gamma_{hex}$.

$t = 0$, 5, $\cdots$, 50 $t = 0$, 50, $\cdots$, 200

$u_D = 0.04$, $\gamma = \beta = \gamma_{hex}$.

$t = 0$, 0.5, $\cdots$, 5 $t = 0$, 5, $\cdots$, 40

图 **1.14** 二维雪花/加克

察雪花界面（即自由边界）随时间的变化，每一行中并列的两个图分别记录了这个曲线在不同时间段的形状。注意这里的每张图都是多个界面的叠加图。我们看到，除了参数 u_D 以外，其他参数都是相同的。这 3 个雪花分别由 $u_D = 0.004$，0.01 和 0.04 生成。从而从数学上解释了雪花形状和湿度的关系。在他们的论文中有两类雪花：刻面（facet）和树突（dendrite）。这些图形都是在不同的参数选取下得到的。加克对《科学美国人》（Scientific American）记者说，他们"是第 1 个用能量守恒和热力学理论同时实现这两种生长"的小组。我们可以看一下加克对真实雪花和计算机产生的雪花的比较图（如图 1.15，图 1.16）。

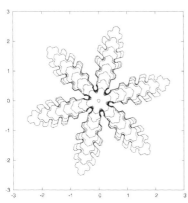

图 1.15　比较真实雪花和计算机产生的雪花 / 加克

图 1.16　三维雪花/加克

　　为了在计算机上模拟这组偏微分方程代表的雪花的生成，人们必须准确地描述结晶面（即自由边界）随时间的变化。人们通常是把这个曲面用不断加细的三角形来近似，这是有限元法所必需的，但这些三角形经常会退化从而导致模拟失败。他们的办法就是用现在比较时髦的平均曲率（Mean curvature）来控制模拟以达到在计算机上实现的目的。他们表示，这个办法可以避免三角剖分退化的难点。我们认为这是他们成果的一个亮点。他们也对偏微分方程的数值解做了分析。他们发现，结晶体中表面分子的结合对结晶的生长有很强的影响。他们还发现，雪花尖端的生长速度与空气中的水蒸气的多少成正比。他们认为，雪花的结构源于扩散有限晶体生长在各向异性的表面能量和各向异性吸附动力。冰晶形态的稳定在很大程度上依赖于饱和度、晶粒尺寸和温度。他们注意到了尖端速度和饱和度之间有线性关系。他们还得出结论，表面能量的影响尽管很小，却对雪花的形成有较大的影响。最后一点最为重要，它也许揭示了一个可能最后解决雪花形成问题的新的思路。

　　他们的模型——第一次用能量守恒和热力学理论建立的连续

模型成功地研究了雪花的生成，这是此模型与格拉夫纳—格里夫耶斯模型的本质区别。由于这个原因，他们的途径自然地被物理学家所欣赏。重要的是，他们开辟了用偏微分方程和有限元方法研究雪花的新方向。麻省理工学院的《科技评论》（*Technology Review*）、英国的"邮件在线"（Mail Online）以及《科学美国人》都报道了他们的成果。在这里，我们需要对《科学美国人》的报道做一点说明。《科学美国人》在文章中也提到了格拉夫纳和格里夫耶斯的工作，但把他们的工作误解成了在分子的层次上的格状自动机模型。其实，格拉夫纳和格里夫耶斯的工作是在介观体系的层次上，也就是说他们只是到了微米的范围。他们在论文标题上就写清楚了这一点。事实上，目前对雪花的形成人们还没有一个完美的解释。从物理上还无法在分子的层次上解释分子的附和和分离的机制。利伯布莱切特认为，可能有某个物理性质还没有被认识到，比如雪晶形状的不稳定性。在这样的情况下，在分子的层次上建立数学模型也就无从提起了。

有一个有意思的巧合是，德国雷根斯堡大学正是第一个研究雪花的天文学家和数学家开普勒逝世的地方。加克教授说，他们可以在办公室的窗前就见到真正的雪花。这是在加州的利伯布莱切特和格拉夫纳不能享受的优越待遇。

6. 动手做一个雪花

我们已经看到，雪花里的数学有深有浅，每个人都可以多少理解其中的一些道理。同样，我们也可以自己制作不同复杂程度的雪花艺术品。

最简单的是剪纸雪花（如图 1.17）。这里最关键的是将一张纸均匀地折 6 折，然后随意地剪上几下再打开就行了。我们只举一个例子。

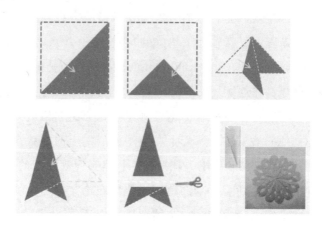

图 **1.17** 题雪花剪纸/作者

你也可以在网上找到制作雪花的软件。到 snowflakes. bark-leyus. com 上你就可以如图 1.17 那样真地剪出雪花来。你可以生成一个 JPG 图片文件或者用于图片编辑软件(如 Illustratr 和 Photoshop)的 EPS 文件。还有一个由奥斯基和卡普兰开发的雪花制作神器 paulkaplan. me/SnowflakeGenerator，你可以生成一个 SVG 文件，然后用一个 CAD 软件加厚度，再用 3D 打印机打印出来。其缺点是操作步骤与手工不一样。詹姆斯·麦迪逊大学数学教授塔尔曼在她的博客"Hacktastic"上有一篇专门介绍(Snowflake Cutter)，从作图到 3D 打印，就像是手工裁剪一样，一步一步带你完成。她的博客一大特点就是讲解详细，而且既有成功的例子，也有失败的例子。

科赫雪花分形也是一个老少皆宜的作品。其实我们也可以把科赫雪花作品做得更艺术一些。下面是 3 件作品(如图 1.18，其中里德尔教授对制作过程有一个非常棒的说明）：

图 1. 18 变异的科赫雪花/拉马钱德兰①，里德尔②，汉默③

题 对分形雪花，计算边长和面积是一个很好的数学练习（如表 1.2）。

表 1. 2 计算分形雪花的边长和面积

产生科赫雪花	边长	面积
△	$P(1)=$	$A(1)=$
✡	$P(2)=$	$A(2)=$
（雪花图案）	$P(3)=$	$A(3)=$
（雪花图案）	$P(n)=$	$A(n)=$

请计算 $\lim\limits_{n\to\infty}P(n)$ 和 $\lim\limits_{n\to\infty}A(n)$ 。

Q 自然界的雪花可以被看作二维的。但是作为艺术品，这并

---

① http：// ramrcblog. blogspot. com/2013/02/fractals. html.

② http：// ecademy. agnesscott. edu/～lriddle/ifs/ksnow/ksnow. htm.

③ https：// www. behance. net/gallery/720515/Worlds-Largest-Fr-actal-Vectors.

不妨碍我们向三维发展。用"立体雪花"或"3D snowflake"搜寻，可以找到很多漂亮的例子。

⚹我们甚至可以在二维平面上做出不可能的三维雪花分形（如图 1.19）。

图 **1.19**　不可能的雪花分形/布朗①

网上还有一个如何制作雪花小蛋糕的介绍，也很有意思。

7. 雪花的快乐

一篇多少有些数学的短文到此应该收笔了。作为结尾，让我转引一下徐志摩的《雪花的快乐》。这首诗作于 1924 年 12 月 30 日，发表于 1925 年 1 月 17 日《现代评论》第 1 卷第 6 期：

假如我是一朵雪花，

翩翩地在半空里潇洒，

我一定认清我的方向——

飞扬，飞扬，飞扬——

这地面上有我的方向。

不去那冷寞的幽谷，

———————————

①　http：// www. cameronius. com/ graphics/ impossible-fractals-figures.

不去那凄清的山麓，

也不上荒街去惆怅——

飞扬，飞扬，飞扬——

你看，我有我的方向！

在半空里娟娟地飞舞，

认明了那清幽的住处，等着她来花园里探望——

飞扬，飞扬，飞扬——

啊，她身上有朱砂梅的清香！

那时我凭借我的身轻，

盈盈的，沾住了她的衣襟，

贴近她柔波似的心胸——

消溶，消溶，消溶——

溶入了她柔波似的心胸！

　　赵忠祥老师在河北电视台主办的《中华好诗词》第四季 2016 年 1 月 2 日的节目里朗读了徐志摩的这首《雪花的快乐》，非常精彩。雪花飞来，一片两片三四片，飞入芦花总不见。微小轻盈的雪花能令诗人动心，让农民入迷。天文学家不放过它，数学家决心彻底解决它的奥秘。这就是雪花的魅力。

参考文献

1. No Two Snowflakes the Same Likely True，Research Reveals，National Geographic News，February 13，2007.

2. Charles Q. Choi，Scientist：Maybe Two Snowflakes are Alike，LiveSciecne，January 19，2007.

3. Scientists discover snowflake identical to one which fell in 1963，NewsBiscuit，December 3，2010.

4. 雪花史，科学松鼠会，2008 年 12 月 25 日．

5. J. Kepler. Strena Seu de Nive Sexangula，1611. Translated as The Six-Cornered Snowflake，trans. Colin Hardie，Clarendon Press，Oxford，1966.

6. R. Descartes. Les Météores，1637；ed. Adam et Tannery，Paris，Vrin，t. IV，1965.

7. R. Hooke. Micrographia，1665；Dover，2003.

8. U. Nakaya. Snow Crystals：Natural and Artificial，Harvard University Press，1954.

9. C. Magono and C. Lee. Meteorological classification of natural snow crystal，J. Fac. Sci. Hokkaido 2 (1966)，321—335.

10. H. von Koch. Sur une courbe continue sans tangente，obtenue par une construction géométrique élémentaire，Arkiv för Mathematik，Astronomi och Fysik 1 (1904)，681—702.

11. N. H. Packard. Lattice models for solidification and aggregation，Institute for Advanced Study preprint，1984. Reprinted in Theory and Application of Cellular Automata，S. Wolfram，editor，World Scientific，1986，305—310.

12. S. Wolfram. A New Kind of Science，Wolfram Media，2002.

13. S. Levy. Artificial Life：The Quest for a New Creation，Pantheon Books，1992.

14. K. Libbrecht. Morphogenesis on ice：The physics of snow crystals，Engineering and Science 1 (2001)，10—19.

15. K. Libbrecht. Explaining the formation of thin ice crystal plates with structure-dependent attachment kinetics，Journal of Crystal Growth 258 (2003)，168—175.

16. K. Libbrecht. The physics of snow crystals，Reports on Progress in Physics 65 (2005)，855—895.

17. K. Libbrecht. Observations of an Edge-enhancing Instability in Snow Crystal Growth near-15 C，arXiv：1111.2786（2011）.

18. K. Libbrecht. Field Guide to Snowflakes，In preparation，2006.

19. K. Libbrecht. P. Rasmussen，The Snowflake：Winter's Secret Beauty. Voyageur Press，2003.

20. 绝美雪花显微照片：形状各异结构精细，新浪科技，2008 年 12 月 11 日.

21. R. Fisch，J. Gravner，D. Griffeath. Metastability in the Greenberg-Hastings model. Ann. Appl. Prob. 3（1993），935－967.（Special Invited Paper.）

22. J. Gravner，D. Griffeath. Multitype threshold voter model and convergence to Poisson-Voronoi tessellation. Ann. Appl. Prob. 7（1997），615－647.

23. J. Gravner，D. Griffeath. Cellular automaton growth on Z2：theorems，examples and problems，Advances in Applied Mathematics 21（1998），241－304.

24. J. Gravner，D. Hickerson. Asymptotic density of an automatic sequence is uniform，in preparation.

25. J. Gravner，D. Griffeath. Random growth models with polygonal shapes，Annals of Probability 34（2006），181－218.

26. J. Gravner，D. Griffeath. Modeling snow crystal growth I：Rigorous results for Packard's digital snowflakes，Experimental Mathematics 15（2006），421－444.

27. J. Gravner，D. Griffeath. Modeling Snow Crystal Growth Ⅱ：A mesoscopic lattice map with plausible dynamics. Physica D：Nonlinear Phenomena 237（2008），385－404.

28. J. Gravner，D. Griffeath. Modeling snow crystal growth III：3D snowfakes，in preparation. arXiv：0711.4020.

29. J. Gravner and D. Griffeath. Robust periodic solutions and evolution from seeds in one-dimensional edge cellular automata，in review.

30. J. W. Barrett，H. Garcke and R. Nurnberg. Numerical computations of facetted pattern formation in snow crystal growth，arXiv：1202. 1272v1 (2012).

31. J. W. Barrett，H. Garcke and R. Nurnberg. On stable parametric finite element methods for the Stefan problem and the Mullins-Sekerka problem with applications to dendritic growth，J. Comput. Phys. 229 （2010），6 270— 6 299.

32. J. W. Barrett，H. Garcke and R. Nurnberg. Finite element approximation of one-sided Stefan problems with anisotropic，approximately crystalline，Gibbs—Thomson law，arXiv：1201. 1802v1 (2012).

33. J. W. Barrett，H. Garcke and R. Nurnberg. On the parametric finite element approximation of Evolving hypersurfaces in R3，preprint.

34. H. Garcke，Kepler. Crystals and Computers-How mathematics and computer simulation help understandingof crystal growth，preprint.

第二章 路牌上的数学、计算游戏 Numen-ko 和幻方

有些人可能认为数学只是一些冷冰冰的公式和符号，枯燥和乏味，但是对于热爱数学的人来讲，数学的每一个数字、每一个符号都是那么鲜活，那么令人亲近。人们融入其中，又乐不思蜀，在生活和游戏中将这份热爱发挥得淋漓尽致。

1. 路牌上的数学

开车旅行是件非常单调和无聊的事情，于是，为了提神和增添乐趣，耐不住寂寞的美国人创造了一种新的数学游戏——"路牌上的数学"，在高速公路上边开车边对自己的数学计算能力进行测试，一旦发现符合游戏规则的路牌，就输入进储存这种游戏的数据库[①]。

对于路牌上的数学，其中最简单的游戏有点像我们小时候玩的计算 24 点的扑克牌游戏，亦即把路牌上的数字用且仅用一次进行加减乘除及余数的运算，且在合适的位置添加等号，得到一个数学等式。比如，题下面的这个路牌（如图 2.1）是我们平时经常看到的，上面的数字为 3，7，5，9，很容易建立起数学等式，即 $9-5=7-3$。是不是有点趣味性呢？但回想一下，似乎我们以前看到它时，就没有动过这方面的心思，更没有想象出这些数之间

还会有这样的关系。只有想不到的，没有做不到的。也许这就是创意和想象的魅力！

图 2.1　拼车数学 /Road Sign Math

　　本图是给公交车和拼车提供的专线时间：周一到周五上午 5 点到 9 点，下午 3 点到 7 点。

　　其中：BUS：公共汽车；CARPOOL LANE：拼车车道；AHEAD：向前；5AM-9AM：上午 5 点到上午 9 点；3MP-7PM：下午 3 点到下午 7 点；MON—FRI：星期一～星期五

　　当然，并不是所有的路牌和所有的算法都可以接受，游戏有一定的规则。这个游戏的规则是，路牌上的全部数字都必须用到且只能用一次，而且必须建立一个等式或得到一个著名常数（如 π，e）的表达式。题下面我们再来看一个需要多动一下脑筋的路牌（如图 2.2）。

图 2.2　完美 16 /Road Sign Math

本图的这个路牌上是到三个地点的里程数，分别为 16,32,64(英里)。

其中：Colfax：科尔法克斯(地名)；Auburn：奥本(地名)；Sacramento：萨克拉门托(地名)。1 英里≈1 609.34 m。

看到这个路牌，也许有人会窃笑，或者脱口而出，16，32，64 这 3 个数字不就是一个很简单的等比数列吗？也可以写作 2^4，2^5，2^6 这种一看便知规律的形式。一点没错，但这个解答不符合游戏规则，既没有给出一个等式，也没有得到一个著名常数的表达式，所以不被接受。它的正确解答应是 $64 \div 32 = \sqrt[4]{16}$。这个解答一般人是否不太容易能想象得到呢？

路牌上的数学就像一场头脑风暴，下面这个路牌上的数学更加令人不可思议(如图 2.3)。

图 **2.3** π 的片段 /Road Sign Math

向南和北是 7 号公路，向西是 44 号公路

其中：WEST：西；SOUTH：南；NORTH：北

有人竟然把 7，7，44 和 π 联想到了一起。怎么做到的呢？原来 $44/(7+7)=22/7\approx3.142\,857\approx\pi$，从而得到 π 的一个近似值。也许有人会说这个结果稍显勉强，但实际上这样说有失公允，一者，中国古代数学家祖冲之计算的圆周率就是用比值 22/7 得到的，二者，能够把圆周率牵扯进来实属不易。所以我们不难理解它为何在数据库的游戏里得到 9.1 分的高分啦。

对于这样的路牌，虽然我们没有得到一个等式，但是得到了一个著名常数，按照游戏规则也是可以接受的。

如果有人仍然不服气，非要得到严格意义上的 π，也完全可以做到。题我们来看下面这个路牌(如图 2.4)。

图 **2.4**　绝对的 π/Road Sign Math

左边是 210 号高速公路，右边是 15 号州际公路。

其中：EAST：东；Fwy Ends 5 MI：免费高速公路还有 5 英里结束；Local Traffic Only：仅限本地交通；Barstow：巴斯托(地名)；San Diego：圣地亚哥(地名)；ONLY：仅仅

3 个数字 5，210，15 经过合理的运算就可以得到精确的 π 值，即 $(15/5)! \times \arctan (\tan 210°) = \pi$。这个算法是不是既令人叹为观止，又妙不可言呢？

欣赏了以上富有想象力的路牌上的数学，大家如若燃起了探索的欲望，准备下次上路时测验脑力的话，那么我们还是要严肃地提醒大家，行车时安全第一，绝不能左顾右盼！

总之，路牌上的数学的宗旨是"旅行＋数学＝乐趣(Travel＋Math＝Fun)"，大家各自把握好分寸即好。

2. 从 24 点扑克牌游戏说开去

我们前面已经说过，路牌上的数学有些像"24 点扑克牌游戏"。美国加州的车牌上一般都有 4 个数字。于是有些人在路上就拿前面车的车牌来做 24 点游戏，也可以算是公路上的数学吧。这个扑克牌游戏可以由一个或多个人来玩。游戏规则是：任取除大小王之外的 4 张扑克牌，看能否在其间添加四则运算符号和括号得出 24。在这个游戏里，由于限制在 4 个数和四则运算的范围内，所以利用电脑程序检验运算结果相对简单。有一位叫中大黑熊的博主编写了一个仅有 300 行的 Java 程序，就不但提供了源程序，而且可以在 GUI 上显示。我们来看一个具体的例子（如图 2.5）。

(a)   (b)

图 2.5   24 点扑克牌游戏 /作者

在这个例子中，我们有 $(7-(8/8))\times 4=24$。并不是每个组合都能产生 24 这个结果。比如♥A ◆A ♣A ♠A（即 1，1，1，1 组合）就不能产生出 24。另一方面，有些组合可以产生多种解法。比如，♥2 ◆4 ♣6 ♠Q（即 2，4，6，12 组合）可以用 $2+4+6+12=$ 24 或 $4\times 6\div 2+12=24$ 或 $12\div 4\times(6+2)=24$ 等来求解。不管一个组合能否组成 24，总共有多少个可能的组合呢？这是一个排列、组合问题。我们要求的是由 1 到 13 个独立数字的有重复的组合，可以用下式计算：

$$N = C_{13+3}^4 = \frac{(13+3) \times (13+2) \times (13+1) \times 13}{4 \times 3 \times 2 \times 1} = 1\,820,$$

即有 1 820 个组合。可以用枚举的方法证明，在这 1 820 个组合中，有 458 个组合无解。当然这是严格限制使用加减乘除来运算的条件下。有的人允许乘方、开方和指数、对数等运算，那么有解的情况就更多了。总之，大多数情况都是有解的，拿到扑克牌之后我们不应轻易放弃。**题** 我们给一个稍微有点挑战的题目：♥5 ♦5 ♣5 ♠A。有聪明的商人把能解的数组做成游戏卡出卖，很受欢迎。图 2.5(b) 是我在一个美国初中的数学教室里看到的。

有一次去学校是为了观摩他们的数学圈（Math Circle）活动。讲课的是几个高中生，听课的是一群初中生。老师看我有些无聊，就主动邀请我跟他玩一盘游戏"Blokus"（如图 2.6）。这是一个有关几何对称的四人游戏，能帮助学生熟悉几何思维。

图 **2.6** 美国数学老师有很多游戏 / 作者

Q 其实，随着我们数学知识的增长，大可不必再限制于 4 个 1 到 13 之中的数字和加减乘除四则运算上。事实上，英雄所见略同，早就有人打破常规，把乘方、开方、对数、取整甚至阶乘运算扩大到了"24 点扑克牌游戏"。

[Q] 现在，我们再扩大一点，允许有任意多个数字，而且等号的位置也可以是任意的。下面我们来举例（如图 2.7）说明：[题] 如果已知 3 个数 489，2，978，那么在 489 和 2 之间以及 2 和 978 之间，我们需要添加哪种运算符号和等号才能使得它成为一个等式呢？这个问题的答案如图 2.8 所示。

图 2.7　Numenko 游戏题面 /numenko.com

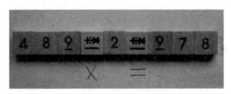

图 2.8　Numenko 游戏解答 /numenko.com

上面这种扩展的"24 点扑克牌游戏"有一个专门的名字，叫作"Numenko"。

我们再来试想一下，能否也像中大黑熊一样用 Java 语言写一个自动验证其计算结果的程序呢？不得不说，这个工作要复杂得多，绝不是 300 行程序所能完成的。那么怎么办呢？不要着急，这时我们可以调用现成的软件包来达到目的。MuParser 就是一个理想的现成的软件包。

[Q] 顺便再介绍一个类似于 Numenko 的趣味数学游戏："Hexa Trex"（如图 2.9(a)）。你的目标就是用上每一个符号并使等式成立。这个例子的解答为 $21+3=8\times3$（如图 2.9(b)）。

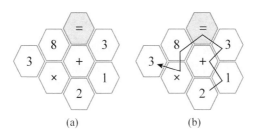

图 **2.9** Hexa Trex 游戏 / 作者

如果读者不甘心用现成的软件包，有兴趣尝试自己来写程序验证计算结果的话，那么我们建议大家最好用 Python 语言，因为 Python 不但免费，而且支持数学表达式的读取。而 Matlab 和 Mathemaitica 等商业软件虽也有相同的功能，但不是免费的。

Q题在下面的蜂窝状图形里（如图 2.10），你可以有 3 种移动方法：从一个蜂房到右边紧挨的蜂房，到右上角紧挨的蜂房，或到一个右下方相邻的蜂房。请问从 A 到 B 有多少条路径？

图 **2.10** 蜂窝状图形 / 作者

3. 幻方

幻方（或纵横图，magic square）也是一个很好的数字游戏。它由一组排放在正方形中的整数组成，其每行、每列以及两条对角线上的数之和均相等。题我们可以在一个 3×3 的方格里放进 1 到

9 这 9 个数，使其成为一个幻方(如图 2.11)。

2 7 6 →15
9 5 1 →15
4 3 8 →15
15 15 15 15 15

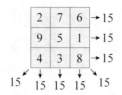

图 **2.11**　幻方/维基百科

幻方早在公元前就在中国古代出现了。至今已经积累了大量有趣的题目。数学奇人印度数学家拉马努金自学笔记的第 1 本就是关于幻方的。如果每个格子里的数都是素数的话，就是素数幻方。与此关联的有拉丁方阵、数独、韦达方等。

一个特别的例子是拉马努金幻方。这个幻方如下(如图 2.12(a))。

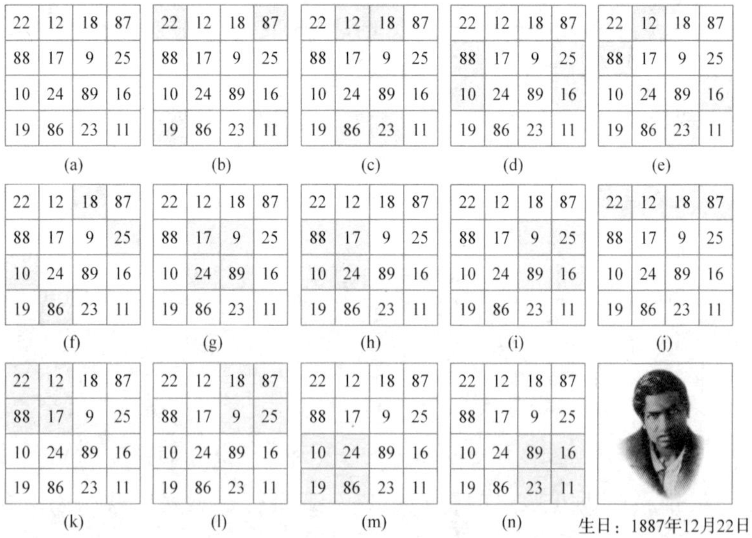

22 12 18 87
88 17 9 25
10 24 89 16
19 86 23 11
(a) (b) (c) (d) (e)
(f) (g) (h) (i) (j)
(k) (l) (m) (n)
生日：1887年12月22日

图 **2.12**　拉马努金幻方/作者

这个幻方初看上去与其他幻方没有什么不同，每行、每列和对角线上的数字相加都是 139。但这是大数学家拉马努金创作出来的，所以你应该能找出更多的 139 来（如图 2.12(b)～(n)）。更为奇妙的是，它的第一行是拉马努金的生日[①]（如图 2.12(j)）！

Ｑ 假定 A，B，C 是一个等差数列，P，Q，R 也是一个等差数列。验证下面的表格（矩阵，如图 2.13）是一个幻方：这个幻方是拉马努金少年时就构造出来的。

C+Q	A+P	B+R
A+R	B+Q	C+P
B+P	C+R	A+Q

图 **2.13**　幻方图/作者

幻方还有一些分类问题。有兴趣的读者可以在"邮票上的幻方"中找到。

Ｑ 幻方有一个在六边形上的变异"magic hexagon"，我们暂时把它翻译成"六角幻方"（如图 2.14）。边长为 n 的六角幻方一共有 $N=3n^2-3n+1$ 个格子。人们要做的就是把从 1 到 N 这 N 个正整数放到这 N 个格子里，使得任意一条直线上的和都相同。据说这是 1910 年一名叫克里福德·阿当斯的青年人突发奇想对 $n=3$ 的情况想到的问题。他在 1962 年拿着自己的解法给加德纳看。加德纳转给了数学游戏专家特里格。1964 年，特里格证明了下面左边的

---

①　按照西方的习惯，人们通常把日期按照"日/月/年"的顺序。

边长为 3 的六角幻方是唯一的（当然还有边长为 1 的平凡情形）。2006 年，天津一中的学生孟繁星给出了一个简化证明。对于其他的 n，我们必须放宽条件：允许这 N 个自然数是从某一个正整数开始。把这样的幻方称为"非标准六角幻方"（abnormal magic hexagon）。至今最大的非标准六角幻方为 $n=7$ 的情形（如图 2.14(b)）。六角幻方也有其他的变异。每个变异都可以引人入胜。

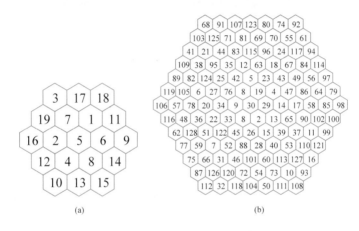

(a)　　　　　　　　　　　(b)

图 **2.14**　六角幻方 / 维基百科

Ｑ 把幻方推广到三维就得到幻立方（magic cube）。下面是一个简单的例子（如图 2.15）。

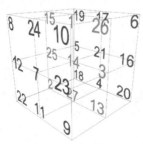

图 **2.15**　幻立方 / 维基百科

Q 幻方在同心圆上的变异叫"幻圆",宋代数学家杨辉有一个杰作"攒九图"(如图 2.16(a)),它以自然数 1 至 33 构成,9 在圆心,其余排列在 4 个同心圆上,每圈 8 个数。著名的还有杨辉八阵图、杨辉连环图、丁易东幻圆和程大位幻圆。幻圆还有一个更复杂的变异。题 见题(如图 2.16(b)):用 1 到 40 填空,使得每个圈的和为 205。

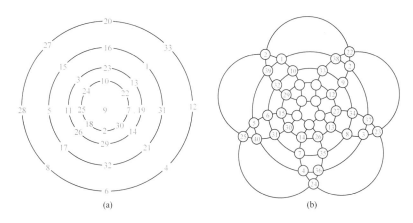

图 2.16 幻圆/维基百科

仔细观察,发现数字排列很有序,所缺的数字是 11,16,17,18,19,20,28。请找出规律来。

当把幻方中的数字限制为素数时,我们就得到了素数幻方。叫人拍手称奇的是,有一个素数幻方的每行每列的和竟然都是 666。据有的网友说,他曾经做出了一个 15 阶的神奇幻方,把最外圈的数字一层层去掉,每次剩下的小方阵仍然是幻方。

Q 1779 年,欧拉考虑了一个 4×4 的幻方,其中每一个格子里都是一个平方数(如图 2.17):

68^2	29^2	41^2	37^2
17^2	31^2	79^2	32^2
59	28^2	23^2	61^2
11^2	77^2	8^2	49^2

图 2.17 平方幻方/欧拉

数百年来，4×4 平方幻方（Magic square of squares）已经被人们找出许多了，但到 21 世纪才有一位名叫博耶的人第一次宣布了他找到了 5×5，6×6 和 7×7 平方幻方的例子。然而对 3×3 平方幻方则一直没有人找到一个解答。人们甚至不知道是否存在这样的幻方。1996 年，加德纳提出了 100 美元悬赏。2005 年，博耶提出了 1 000 欧元悬赏。会不会有读者敢于挑战这个世界难题？类似地，我们还可以考虑立方幻方、4 次方幻方、5 次方幻方甚至平方根幻方（如图 2.18），等等。

		$\sqrt{72}$
	$\sqrt{50}$	$\sqrt{2}$
		$\sqrt{128}$

图 2.18 平方根幻方/Chris Smith

图 2.19 乘法幻方/Mr. Olmsted

前面的幻方都是以加法为计算的，其实也可以制作出乘法的幻方。如图 2.19 所示的每行、每列和对角线的数相乘都得到同一个数。

Q 幻方也可以反向来玩。下面给出了一个已经完成的幻方（如图 2.20），但不幸的是，其中有一个数写错了。你能把这个数找到吗？

32	14	18	7
9	16	12	34
8	30	13	20
21	11	28	10

图 2.20　一个出了错的幻方

　　人生就像是一次旅行，有了数学相伴的旅行是不是别有一番风味，也让我们获得非比一般的愉悦。

参考文献

1. Road Sign Math. http：// roadsignmath. com.

2. 24 点扑克牌游戏——（含 Java 源码）（GUI 实现）. http：// www. cnblogs. com/sysu-blackbear/p/3259408. html.

3. Numenko. http：//www. numenko. com.

4. Bogusia Gierus，Hexa Trex. http：// mathforum. org/library/view/70040. html.

5. C. W. Trigg. A Unique Magic Hexagon，Recreational Mathematics Magazine，January-February 1964. Retrieved on 2009-12-16.

6. F. Meng. Research into the Order 3 Magic Hexagon，Shing-Tung Yau Awards，October 2008. Retrieved on 2009-12-16.

7. 欧阳顺湘. 谷歌数学涂鸦赏析(下)，数学文化，2013，4(3)：32—51.

8. 方开泰，郑妍珣. 数学与文化交融的奇迹——幻方，数学文化，2013，4(3)：52—65.

9. George P. H. Styan，方开泰，朱家乐，林子琦. 邮票上的幻方，数学文化，2015，6(3)：109—118.

10. Robert Bosch，Robert Fathauer and Henry Segerman. Numerically Balanced Dice. http：// www. oberlin. edu/math/faculty/bosch/nbd _ abridged. pdf.

第三章 钟表上的数学与艺术

对于钟表，相信大家都不会陌生。作为诉说时间的使者，即使现在人们大多有了智能手机和各种电器上的嵌入式钟表，还是不忘购置专门的钟表，安放在家里显眼的位置，以便向人们提示分秒的变化。更有一些独具匠心的钟表，展现出的数学造诣与艺术美感绝对为人惊叹和赞许。

1. 钟表是中国古代五大发明之一

常言道，一寸光阴一寸金，寸金难买寸光阴。这句话说明了时间的重要性，因此，作为计时工具的钟表，自然会成为历史中不可或缺的主角。

钟表包括机械钟表和电子钟表，其中电子钟表又包括数字式和石英指针式。它从一开始逐渐脱离早期天文计时器，到从大型的报时钟过渡到微型化，再到发展出腕表和运用电子技术，经历了漫长的时间，与技术发明休戚相关。值得一提的是，据英国著名的科技史家李约瑟在《中国科学技术史》中所说，在 17 世纪初西方的钟表进入中国时，其装配的"擒纵机构"的雏形在 11 世纪的中国已经出现了。那是 1088 年，中国宋代科学家苏颂和韩工廉等制造了"水运仪象台"，是一种把"浑仪""浑象"和机械计时器组合起来的巨型机械装置（如图 3.1），这样就有了早期的"擒纵机构"。这在世界钟表史上具有重要意义。钟表大师矫大羽甚至提出了"中国人开创钟表史——钟表是中国古代五大发明之一"的观点。

图 **3.1**　水运仪象台/维基百科，Neillin1202

2. 愚人节的钟表笑话

　　要说钟表里有数学毫不奇怪。传统的钟表是 12 小时的，钟面或表盘上标有"1"到"12"点，也有不太常见的 24 小时的钟表，但绝对不会有 10 小时的钟表。曾发生过一个以假乱真的愚人节笑话。1975 年，澳大利亚的一家广播电台宣称要实行"公制时间"。这个新系统有 10 小时的钟面或表盘(如图 3.2)，每 100 秒是 1 分钟，100 分钟是 1 小时，20 小时为 1 天。为使这个笑话更不可思议，电台甚至把秒称为毫日(milliday)，分称为厘日(centiday)，小时称为分日(deciday)，来增添可信度。结果，澳大利亚人果然糊涂了，对此难分真假，电台的电话快被打爆了。有人更信以为真，咨询刚买的新电子钟如何转成"公制"的？其实公制闹钟早在法国大革命时就已经推出过(如图 3.3)。法国是十进位制的最早倡导者，法国人也想把时间的单位改为"十进时"，但没有成功。中国古代也曾使用过十进时。

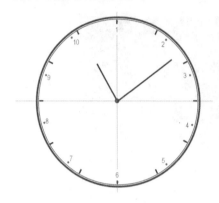

图 3.2　公制闹钟 /作者　　　　图 3.3　法国大革命时期的公

制闹钟 /维基百科

如果哪位读者真对公制钟表感兴趣的话，可以到苹果应用商店网站上下载一个"Metric Clock"。

钟表上除了有数字之外，当然还有时针、分针，甚至秒针。这些数字和指针反映了复杂的数学关系。

3. 有关钟表的数学问题示例

学生们从幼儿园就开始认识钟表及其数学推理和运算了，老师们能够以此为主题，提出若干数学问题。我们在这里给出几个例子：

(1)小王的闹钟不准。当指针显示过了 1 h 的时候，实际的时间只过了 55 min。假定他的闹钟现在正好显示的是准确的时间，且是 12 h 标准的，请问要过多少小时才能再次显示准确的时间？

(2)从下午 4 点 12 分到同日下午 4 点 48 分，请问分针转过了多少度？

（3）一个闹钟的分针长 12 cm，时针长 6 cm。请问时针上任意一点在 12 h 内走的最大距离与分针上任意一点在 12 h 内走的最大距离的比是多少？

（4）在一个 12 h 的标准闹钟上，目前的时间是早上 7 点 3 分，请问 553 min 后是几点几分？

（5）小董有两只手表，其中一只每小时快 1 s，另一只每天慢 6 s。他在晚上 9 点整将两只表的时间都调到正确的时间上。请问多少小时之后两只表的时间差为 2 h？

（6）有一个钟每小时都会打钟点。假定它 1 点时打 1 下，2 点时打 2 下，依此类推。请问它一天里会打几下？图 3.4 是位于英国伦敦威斯敏斯特宫北端钟楼的"大本钟"。它每小时击钟一次。其实"大本钟"原意是指这座钟楼里的大钟。

（7）笔者以前曾经做过一个发电软件的开发。当时每天要面对的是一周 168 h 的发电管理。详细内容在第 3 册第六章"发电的优化管理与线性规划"里介绍。但不知是否读者注意到，如果以分钟为单位的话，可以题有一个简单的阶乘表示？答案是：$2 \times 7!$。

普通电子钟表与普通机械钟表有所区别，没有了指针，取而代之的是纯数字。当然，新一代电子钟表也可

图 **3.4** 英国伦敦的大本钟 /维基百科，Diliff

以做得与机械钟表很相似了。对于这种数字钟表，我们也可以给出有趣的数学题，比如 题：

（8）假定现在是午夜时刻：12:00:00，122 小时 39 分 44 秒后的时间是 A:B:C，求 A＋B＋C 的值。

有些题可以给小学生做。比如能否立即说出表盘上的数的和是多少？能否画两条线将表盘分成 3 个区域，使得 3 个区域里的数相等？或者能否画两条线将表盘分成 3 个区域，使得 3 个区域里的数是 3 个相连的自然数？

还有一类表针之间的夹角的数学题（如图 3.5）。我们不再深入讨论。

图 3.5　表针的角度/维基百科，康纳利

4. 钟表上的数学与艺术赏析

Q我们还能让钟面或表盘增加一些既有数学又有艺术的色彩。题比如下面的 4 个闹钟（如图 3.6），把数学公式嵌入到钟面之中，使人们对闹钟主人的数学修养一目了然。第 1 个钟面上是平方根。第 2 个钟面上的 12 个数字都是用"9"的加减乘除平方开方

实现的。题注意我们在这里用到了 3 个或 4 个"9"。事实上，我们可以只用 3 个"9"。请读者思考一下。第 3 个比第 1 个和第 2 个稍微复杂一点。第 4 个比前两个复杂得多，可以说它非常数学，解答有一定的难度。我们在这里给出图 3.6(d)的一个简单解答。

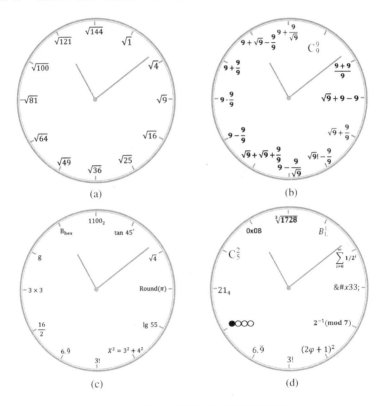

图 **3.6** 嵌入了数学表达式的钟面 /作者

(1)B'_L 勒让德常数，为 1；

(2)级数 $1+1/2+1/4+1/8+\cdots$ 收敛于 2；

(3)HTML 码 "3"，在浏览器里就是 3；

(4)这是在模反元素意义下的运算；

(5)$\varphi=(\sqrt{5}-1)/2$ 是黄金分割数，代进表达式就得 5；

(6)3! 是 3 的阶乘，即 6；

(7)循环小数，即 7；

(8)二进制的 8；

(9)以 4 为底时的 9 的表达式；

(10)5 取 2 的组合数，即 10；

(11)16 进制的 11 就是 0X0B；

(12)$12^3=1\,728$。

题 有高等数学基础的读者还可以解读下面的钟面或表盘：

(1)$-e^{i\pi}$；

(2)$\displaystyle\sum_{i=0}^{+\infty}\frac{1}{2^i}$；

(3)$[\ln 50]$；

(4)$\dfrac{\pi}{\arctan 1}$；

(5)$(2\varphi+1)^2$；

(6)A_3^3；

(7)$\displaystyle\int_0^3 2^x\ln 2\mathrm{d}x$；

(8)$\min\left\{\dfrac{1}{x^{14}}+7x^2\right\}$；

(9)$4^{\log_2 3}$；

(10)$9.\dot{9}$；

(11)$\sqrt[4]{14\,641}$；

(12)$1100_{(2)}$。

Q 有人设计了螺线时钟，也很有创意。正在学习三角函数的同学可以挂一个"弧度钟"。不过下面的这个弧度钟（如图 3.7）有点乱，应该怎样改进呢？请读第 2 册第四章"说说圆周率 π"里另一个设计思想。

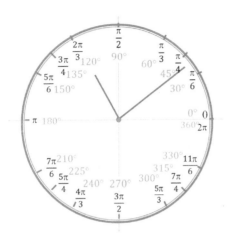

图 **3.7**　弧度钟/作者

这个"弧度钟"的一个特点就是刻度没有落在整点上。按照这个思路，我们可以制作出更加随意的钟来。有一个"无理数钟"（Irrational Numbers Wall Clock）就是一个不错的例子，其中黄金分割 φ 和自然对数 e 都找到了合适的位置。

目前数字电子钟表（如图 3.8）越来越普遍，大多采用以十进制的阿拉伯数字来显示。上面的电子钟有 28 个小的电光条、一个冒号光条和早晚显示。想一想，[题]最多会用到多少个光条？最少又是多少呢？其实我们也不妨用不同于十进制的进制来表示。下面的时钟就是一个用二进制表示的数码钟（如图 3.9（a））。真要适应和接纳它，恐怕不是一时半会儿就能做到的，但据说科学工作者很喜欢它。

图 3.8 数字电子钟/作者

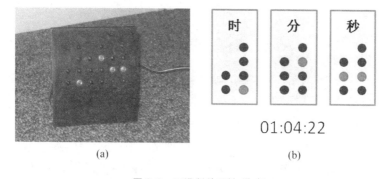

(a)   (b)

图 3.9 二进制数码钟/作者

图 3.9(b)可以帮助大家理解如何看懂这个钟表上的时间。十位数和个位数分别由两列信号灯显示。以"秒"为例,右边一列的四个信号灯从下到上分别代表个位数表达式

$$s_0 \cdot 2^0 + s_1 \cdot 2^1 + s_2 \cdot 2^2 + s_3 \cdot 2^3$$

中的系数 s_0,s_1,s_2,s_3。亮灯时为 1,灭灯时为 0。可以看出,它还不能完全以二进制来表达,不过现在,完全二进制的钟表已经面世,只是人们可能更难看懂时间了。有一个在线的二进制的钟

表：http：// binary. onlineclock. net。即使这样，我们也认为比看全文字的钟面还是要稍微容易一点。试想一下，下面的钟面（如图3.10）容易读吗？如果你喜欢这类的作品，那么还有一个"斐波那契时钟"（Fibonacci Clock）更有意思。这是克雷蒂安的 DIY 作品。他在网上详细介绍了其原理和制作过程，还提供全部制作所需的材料。还有一个手机版的斐波那契时钟（Fibonacci Clock Widget），其原理相同。

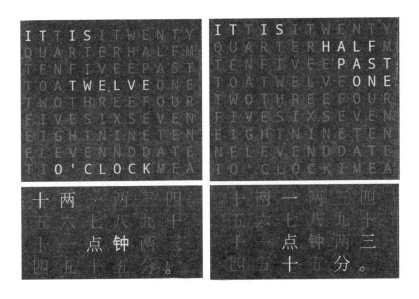

图 3.10 在线纯文字时钟截图 /http：// www. timeanddate. com

这样的钟表有些标新立异，但立意很好。buckeyeguy89 有一篇说明可以参考：http：// imgur. com/a/iMXmj。不过我们觉得下面的贝塞尔电子钟（如图 3.11）更有新意。这是利用贝塞尔曲线制作的，用 JavaScript 开发。

10 51 26

图 **3.11** 贝塞尔电子钟截图 /Jack Frigaard

上面的钟表都是在数字上做的文章。瑞士钟表制造商艾美表（Maurice Lacroix）的制表大师们则是在几何上另辟天地，制作出了一系列非常几何的手表。比如在表盘上的正方形齿轮会让拥有者感到数学的魔力。两位英国年轻人设计开发了一个螺旋式表盘，用小球在螺旋式表盘上的位置来指示出时间，当红球滑到表盘中心时，由圆心的小洞掉到最下方 12 点表示起点的位置，然后随着表盘的旋转表示时间。整个螺旋轨道呈阿基米德螺线，即等速螺线造型，寓意深刻。他们的网址是：http://thespiralclock.com。

我们感觉，钟表匠如果能制作出新一代智能钟表，主人就可以自主选择钟面或表盘上显示的数学公式，而且可以定期切换。这样，家里的小主人一定会很喜欢，来客人时，还可以和客人互动，把它当作游戏来比赛，岂不两全其美？下面是美国某中学教室里的挂钟（如图 3.12）。

图 **3.12** 美国某中学教室里的挂钟 /作者

2015 年 9 月，一位 14 岁的美国学生因为带了自制的电子钟到学校被误认为是定时炸弹，结果被警察戴上手铐送进了拘留所。

这件事在美国引起极大反响。他得到了广大美国人民的支持：奥巴马总统邀请他到白宫展示他的制作，谷歌请他参加谷歌科学博览会，脸书创始人扎克伯格邀请他去做客……美国人认为，为了美国的未来，我们需要更多的少年热爱科技制作。这个孩子的电子钟不一定是一项特大的发明。现在，假如让你制作一个钟，你会有什么设计呢？希望本章为你提供一点思路。

5. 火星钟表的数学与艺术

可是，如果有人对火星时间感兴趣，想制作一个火星手表却远非易事。当初，一群美国航天局喷气推进实验室（JPL）的科学家和工程师，在发射完火星车之后，发现急需一块火星手表。虽然火星日比地球日只多出 39 min，但对他们却是一件头疼的事情。因为他们必须跟踪在火星地面上的火星车，所以每天上班的时间都要向后推迟 39 min。那么能不能有一块按照火星日运行的手表呢？JPL 的工程师们一下子被难住了。他们求助于手表制造商们，得到的答复是一样的：如果是机械表，那是不可能的；如果是石英表，那至少要有一万块的订单。不过，踏破铁鞋无觅处，得来全不费工夫。他们竟然在临近的一个小镇上觅到了一位愿意尝试的钟表匠安瑟廉。于是安瑟廉带着年仅 9 岁的儿子开始试验。仅仅为了试验，他们就花了 1 000 多美元。功夫不负有心人，他们最终制造出了第一块火星日机械表（如图 3.13）。测试结果显示，在一个地球日里，误差只有不到 10 s。

图 3.13　火星手表 /NASA，安瑟廉

　　现在，已有许多电子火星闹钟和手表。只要知道火星时间和地球时间的数学关系，就能写出这样的程序来。想得到快速答案的读者可以安装一个 NASA 开发的"Mars24"软件，想了解更深入数学关系的读者可以阅读 Michale Allison 的精确计算。

　　将来，人类不仅要移民火星和月球，而且去探索其他行星及其天然卫星和小行星。在这些地方使用的钟表正在等待人类去开发。即使不出地球，也可以把天文钟（Prague astronomical clock，如图 3.14）打扮一番。这个天文钟上蕴含着精美的数学，说起来就又是一个故事。在超级数学建模平台上，有一篇文章，标题为《欧洲深处的布拉格隐藏着华美的数学》，其中对此有很好的介绍。这个天文钟在每个整点时刻都会有表演，是布拉格的一大旅游景点。

图 3.14　布拉格天文钟/维基百科①

①　此作品由 Krzysiu"Jarzyna"Szymański 提供授权。

人们喜欢追求公平和公正，也许世间没有绝对的公平，但钟表是公平的，不管沧海变桑田，抑或桑田变沧海，它仍旧一如既往地行走着它固有的刻度。一如苏联作家高尔基曾经说过的那样，世上再没有比钟表更加严肃的东西了，在你出生的那一刻，在你尽情地摘取幻梦的时刻，它都是分秒不差地嘀嗒着。但钟表无情人有情，热爱数学与艺术的人们在钟表上做足了数学与艺术，亦赋予了钟表更多的内涵和美感。

参考文献

1. 李约瑟．中国科学技术史．北京：科学出版社，2003.

2. 孙小淳．苏颂为什么要建水运仪象台？2013 中国天文学会学术年会文集，2013.

3. M. Allison. 1997：Accurate analytic representations of solar time and seasons on Mars with applications to the Pathfinder/Surveyor missions. Geophys. Res. Lett.，24，1967－1970，doi：10.1029/97GL01950.

第四章 数学家与音乐

英国数学家和哲学家罗素说过："数学不仅拥有真理，而且拥有至高无上的美——一种冷峻严肃的美，就像是一尊雕塑……这种美没有绘画或音乐那样华丽的装饰，它可以纯洁到崇高的程度，能够达到严格的只有最伟大的艺术才能显示的完美境界。"仅寥寥数语就将数学之美推崇到了无以复加的地步。

音乐家贝多芬说："音乐是比一切智慧、一切哲学更高的启示，谁能参透我音乐的意义，便能超脱寻常人无法自拔的苦难。"音乐家舒曼说："对我来说，音乐是灵魂的完美表现。"音乐在他们心中的空灵、智慧和高尚一览无余。

我们不去探究哪一个学科具有王者至尊的地位，只是想说明数学与音乐都是美的化身，一个冷峻，一个空灵，它们在自然中产生，又超乎自然而存在，是美的追求者和实践者，是放达心灵的不同方式。若是将二者有机地结合在一起，定会美不胜收，协奏出智慧通灵的交响。

其实历史上有许多数学家具有很好的音乐修养。早在中世纪，西方的学者便接受包括音乐、几何、算术、天文在内的"四艺"训练，音乐被广大学者视为一种高雅学养的体现，也自然而然成了他们的修养与爱好。至近现代，爱因斯坦认为："没有早期的音乐教育，我会一事无成。"而尼采则更加"激进"，他断言："没有音乐，生命是没有价值的。"也许这些观点稍显"武断"，但他们对音乐的情有独钟，视音乐为灵感之源、智慧之根和生命本质的哲思却也跃然纸上。还是数学家更为"中庸"——英国数学家怀特海言道："纯粹数学这门科学在近代的发展可以说是人类灵性最富于创造性的产物。另外还有一个可以和它争这一席位的就是音乐。"

数学与音乐相结合的例子很多，通常是由数学家实现的，许多数学家具有很好的音乐修为或者与音乐有不解之缘。比如毕达哥拉斯、笛卡儿、莱布尼茨、约翰·伯努利、丹尼尔·伯努利、欧拉、达朗贝尔、拉格朗日、傅里叶、阿贝尔、艾森斯坦、波约·亚诺什、西尔维斯特、亥姆霍兹、狄利克雷、希尔伯特、庞加莱、勒穆瓦纳、爱米·诺特、库朗、阿廷、伯克霍夫、惠特尼、迪厄多内、拉尔夫·福克斯、小平邦彦、盖尔范德、孔采维奇、卡普兰斯基、约翰·纳什、高德纳、钱学森、张益唐、马希文、雷垣、恩佛罗、奈凡林纳、弗里德利奇·冯·舒伯特等。我们也看到有音乐家主动向数学靠拢。数学和音乐的相互接近与融合是一种趋势。

这是一个不完全统计，却是一个长长的名单，数学家与音乐的关系即便不是如胶似漆，也绝非一般了。他们或在音乐中闲庭漫步，或在音乐中放飞数学的想象，或在音乐中如痴如醉。正如李白醉酒写下豪放轻灵的诗行，这些数学家在音乐的熏染和启迪中得到智慧的荣光和精神的慰藉，也在无形中增添一种清雅的气质。下面我们就为读者一一展示数学家与音乐之间的不了情缘和美丽画卷。有的故事可能已有他人写过，但为方便读者，我们再予以简单记述。

1. 毕达哥拉斯发现音乐和声的原理

数学家与音乐的关系可以追溯到古希腊。古希腊哲学家、数学家和音乐理论家毕达哥拉斯生于希腊萨摩斯岛，早年游历埃及，后定居意大利南部城市克罗顿，建立了以其名字命名的学派，史称毕达哥拉斯学派，其成员大多是数学家、天文学家、音乐家，是西方美学史上最早探讨美的本质的学派。著名的勾股定理在西方就是毕达哥拉斯学派首先发现的，称为毕达哥拉斯定理。

图 4.1　毕达哥拉斯／维基百科

　　毕达哥拉斯学派信奉万物皆数，认为对几何形式和数字关系的沉思能达到精神上的解脱，而音乐是净化、解脱灵魂的工具。他们还认为世界是严整的宇宙，整个天体就是和谐与数，提出了"美是和谐"的观点，认为音乐的和谐是由高、低、长、短、轻、重不同的音调按照一定的数量上的比例组成，并且发现了音乐和声的基本原理。毕达哥拉斯在一个铁匠铺里发现彼此间音调和谐的锤子的质量相互成简单比（或简分数）（如图 4.2）。他们还试图提出一个声调对比关系的数学公式：八度音、五度音、四度音与基本音调之比分别为 1：2，2：3 和 3：4，等，可以说是人们最早用数学方法研究美的实践与创始。因此，从毕达哥拉斯的发现发展起来的音乐律制亦称为"自然律制"。

图 **4.2**　中世纪木刻显示毕达哥拉斯(Pythagoras)式调音/维基百科

2. 笛卡儿把音乐放进坐标系

　　以"我思故我在"闻名于世的笛卡儿不但是一位哲学家，还是一位数学家，是解析几何的创始人，其中他的解析几何学的成就是作为他的哲学著作《更好地指导推理和寻求科学真理的方法论》的附录《几何学》发表的。

　　有一则传说，他发明几何学是因为做了 3 个连贯的梦，正是这 3 个梦向他揭示了一门奇特的科学。这都说明数学发现需要执着，需要灵感，需要联想。笛卡儿把他的联想延伸到音乐中，成

为了一位训练有素的音乐家。他写
过音乐理论论文《音乐简编》（如图
4.4）和《音乐概要》。前一篇是为其
早期合作者贝克曼而作，其中包含
数学、天文、几何光学等内容；后
一篇具有方法论价值。那个时候，
五线谱的雏形已经形成。而笛卡儿
则自觉地把音乐像坐标系那样来表
示，将音乐和坐标系完美地结合在
一起，似乎音乐在坐标系中吟唱，
坐标系在音乐中沉醉，相得益彰。

图 4.3　笛卡儿 /维基百科

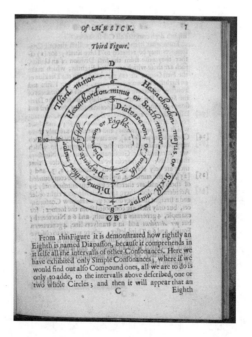

图 4.4　笛卡儿的《音乐简编》/多伦多大学图书馆

笛卡儿在《音乐概要》中显示他清楚地了解了现代和传统音乐的理论思想，并在历史上第一次严格地对和谐与不和谐分类。

3. 莱布尼茨说音乐是灵魂在不知不觉中数数

与牛顿共享发明微积分殊荣的莱布尼茨是数学史上没有在大学当过教授的数学家之一。他不仅是哲学家、科学家、数学家和历史学家，而且是一位科学活动家，他的一些科学创举使科学本身受益匪浅。他是柏林科学院的创建者和首任院长，倡议设立彼得堡科学院、维也纳科学院，还曾经写信给康熙皇帝建议成立北京科学院，是最早关心中国科学发展的西方人士之一。

图 4.5　莱布尼茨/维基百科

莱布尼茨在音乐方面颇有造诣，甚至在一些德国人看来，他是当之无愧的音乐理论家。他把音乐定义为"灵魂在不知不觉中数数"，生动说明了神秘数学语言与神学信仰的微妙关系。他认为，"数学家能够把音乐分成小节和图像，而音乐家则靠直觉"。当时在德国的另一位业余音乐理论家和业余数学家翰夫林曾经和莱布尼茨讨论过许多音乐理论中的问题。翰夫林用辗转相除法来研究律学。后来莱布尼茨把翰夫林的成果作为音乐系统通信集发表。

4. 约翰·伯努利的对数螺线和丹尼尔·伯努利的弦振动

数学史上有迄今最大的数学家族，就是伯努利家族。从 17 世纪末到 19 世纪初，这个家族集中出现了十几位数学家，尤其是前两代产生 5 位杰出的数学家，有两位与音乐关系密切。一位是约翰·伯努利，另一位是丹尼尔·伯努利，这是一对志趣相投的父子。

图 4.6　约翰·伯努利/维基百科　　　　图 4.7　丹尼尔·伯努利/维基百科

约翰是伯努利家族第一代两位数学家之一，他曾讨论过物体在液体中的运动（如图 4.8），是其哥哥雅各布·伯努利的学生也是其合作者，他们都是莱布尼茨微积分学派的代表人物。有一则故事说，大音乐家巴赫十分热爱数学，其音乐具备高度的数学性。在他无法说服其音乐家同事相信十二平均律的美妙时，遂向约翰寻求援助。约翰随手画出一条对数螺线，并在上面标了 12 个半音。他对巴赫说："在这条曲线上，半音旋转相同的角度可以使其与原点的距离以同等比例增加。这不正是你想要的结果吗?"继续说道:"从上一个音到下一个音,只要将这条螺线旋转一下,使得第一个音落在 x 轴上,其他的音会自然落在相应位置上。简直就是一个音乐计算器!"巴赫听后深以为然,由此也说服了一直大惑不解的同事。

图 **4.8** 在这个手稿中,约翰讨论了物体在液体中的运动 /乌普萨拉大学

丹尼尔是伯努利家族第二代数学家中最伟大的一位,他 1725~1733 年在圣彼得堡科学院与其父亲的学生,即双目失明的

传奇数学家欧拉共事，一起做出了很多成果，被认为是数学物理的奠基人。1739 年他开始研究乐器，提出了解决弹性振动问题的一般方法，并证明了乐器的弦振动都是由无穷多的调和振动合成的。这个结果对偏微分方程的发展产生了较大影响。他还出版过《流体动力学》（如图 4.9）。

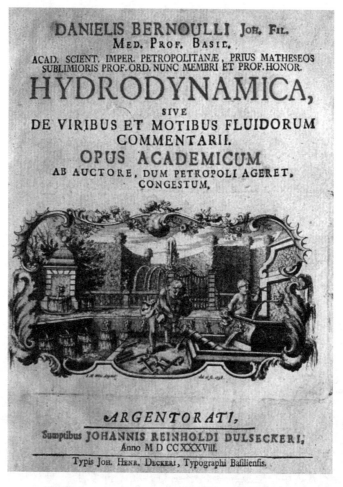

图 **4.9**　丹尼尔出版的《流体动力学》/维基百科

5. 欧拉是精通数学的音乐家和精通音乐的数学家

上文已经提到欧拉。他一生富有传奇性色彩，是世界上最多产的 4 位数学家（另外 3 位是柯西、凯莱和埃尔特希）之一，其全集总共 84 卷。他不但在数学上成绩显著，而且对力学、光学和天文学等学科有突出贡献。

欧拉酷爱音乐，在撰写艰深的数学论文时，他的"那种轻松自如是令人难以置信的"。他与其好友丹尼尔·伯努利一样，在音乐理论中应

图 4.10　欧拉 /维基百科

用振动理论，最早提出了弦振动的二阶方程。1739 年，出版音乐理论专著《音乐新理论的尝试》（如图 4.11，图 4.12），试图把数学和音乐结合起来，被传记作家誉为"为精通数学的音乐家和精通音乐的数学家而写的"著作，由此看来，这部著作是数学和音乐通融交汇的至高著作。但是该书的有些地方也超出了数学家和音乐家的理解力，或者说，对数学家来说"太音乐"，对音乐家来说"太数学"。这也间接说明了欧拉在数学和音乐领域的卓越才华。现代音乐家继承和发展了欧拉的某些思想，使其源远流长。

图 **4. 11** 欧拉的《音乐新理论的尝试》/KETTERER 网

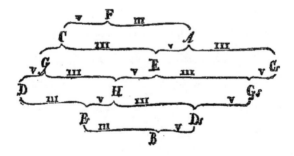

图 **4. 12** 欧拉于 1739 年首次描述的音调网络(Tonnetz) /维基百科

6. 法国数学家达朗贝尔、拉格朗日、傅里叶的音乐之缘

　　与欧拉同一年去世的达朗贝尔是数学、力学和天文学的多面好手。他身世凄惨，是圣让勒隆教堂附近的一个弃婴。一位好心的玻璃匠收养他后，把他的教名取为这个教堂的名字。他在和狄德罗合作编辑法国《百科全书》(如图 4.14)期间，在音乐、心理学、哲学、法学和宗教文学等方面都发表了一些研究成果。

图 **4.13**　达朗贝尔 / 维基百科

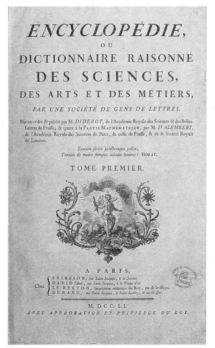

图 **4.14**　达朗贝尔与狄德罗合编的《百科全书》/ 维基百科

　　他首次建立了一维波动方程，这是第一个偏微分方程。1746年，达朗贝尔在其论文《张紧的弦振动时形成的曲线的研究》中，提出证明无穷多种和正弦曲线不同的曲线是振动的模式。因此，由对弦振动的研究开创了偏微分方程这门学科。1752 年，出版专著《拉莫原理下的音乐理论和实用基础》，是数学与音乐结合研究的佳作。另外，在其著作《论动力学》(如图 4.15)中，还提出了特殊的偏微分方程。可惜，这些著作在当时湮没无闻。

图 **4.15**　达朗贝尔的《论动力学》/维基百科

拉格朗日也非常喜欢音乐，他与拉普拉斯、勒让德一起，是法国 18 世纪后期到 19 世纪初数学界著名的 3 个人物，因为他们三人姓氏的第一个字母皆为"L"，又生活在同一时代，并称"三 L"。他曾对朋友说他之所以喜欢音乐，是因为音乐使他无须听一些无趣的闲聊，可以自己安静在一隅，全神贯注地思考问题。他说："我听到音乐的第 3 个音节后，就听不到什么

图 4.16 拉格朗日/维基百科

了，思想已全部集中在所考虑的问题上，往往通过这种方式解决了许多难题。"看来音乐对于拉格朗日是一剂良药，对其凝神静思功不可没啊！另外也说明，有些人确实是可以一心二用，边听音乐，边工作。

傅里叶曾出版过《热的解析理论》，他对乐声本质的研究达到一个全新的高度。他证明了无论是器乐还是声乐，所有的乐声都

图 4.17 傅里叶/维基百科

能由数学表达式来描述，在数学上可以表示为一些简单的正弦周期函数的和。每种声音都有音调、音量和音色 3 种特质，以此区别不同的乐声。傅里叶的新发现，使得人们可以通过图解加以描述和区分声音的这 3 种特质，其中音调与曲线的频率有关，音量与曲线的振幅有关，音色则与周期函数的形状有关。从这一点来看，颇

有音乐的本质是数学的意味。

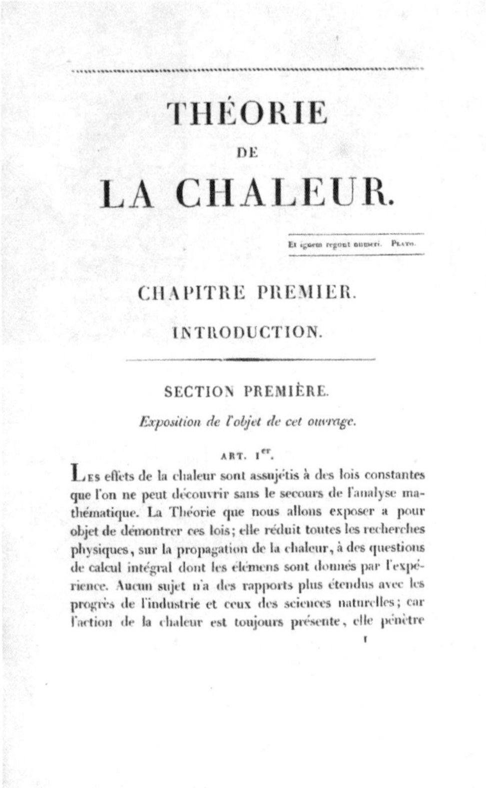

THÉORIE
DE
LA CHALEUR.

Et ignem regunt numeri. PLATO.

CHAPITRE PREMIER.

INTRODUCTION.

SECTION PREMIÈRE.

Exposition de l'objet de cet ouvrage.

ART. 1er.

LES effets de la chaleur sont assujétis à des lois constantes que l'on ne peut découvrir sans le secours de l'analyse mathématique. La Théorie que nous allons exposer a pour objet de démontrer ces lois; elle réduit toutes les recherches physiques, sur la propagation de la chaleur, à des questions de calcul intégral dont les élémens sont donnés par l'expérience. Aucun sujet n'a des rapports plus étendus avec les progrès de l'industrie et ceux des sciences naturelles; car l'action de la chaleur est toujours présente, elle pénètre

1

图 **4.18** 傅里叶的《热的解析理论》/维基百科

上述伯努利父子、欧拉、达朗贝尔、拉格朗日、傅里叶均继承和发展了欧洲大陆莱布尼茨微积分学派的思想，一脉相承，又同时喜欢音乐，甚至将数学与音乐有机地融会贯通，发扬光大。我们不禁想到，后人摒弃了牛顿学派的微积分符号体系，而沿用了莱布尼茨的微积分符号体系(瞧，积分符号 $\int$ 多么音乐!)(如图 4.19)，是否与音乐增强了莱布尼茨学派的人文素养，使其符号体系更易为人接受有一些关系呢？

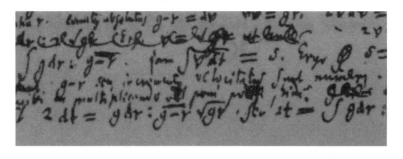

图 **4.19** 莱布尼茨手稿中左上角和右下角的积分符号 /Soup. io

7. 阿贝尔与艾森斯坦皆英年早逝，但对音乐各有所衷

阿贝尔是一位英年早逝的挪威数学家，近世代数学的奠基人，以其名字命名的概念和定理之多只有少数几个数学家能够和他媲美。他因证明 300 年悬而未决的数学难题，即证明了一般 5 次方程不存在根式解，声名鹊起，另外又因在椭圆函数方面的贡献与雅可比共同获得法国科学院大奖。在挪威皇宫有一尊阿贝尔的雕像，是一个大无畏的青年形

图 **4.20** 阿贝尔/维基百科

象，其脚踩两个怪物，分别代表 5 次方程和椭圆函数，由此对他在这两方面的贡献也可见一斑。2002 年挪威政府设立相当于诺贝尔奖的阿贝尔奖，是世界上奖金最高的数学奖。遗憾的是，他在有生之年，生活穷困潦倒，并未得到认可。

据说，阿贝尔虽然几乎没有多少音乐细胞，但是对于由音乐

提出来的数学问题极有兴致。在钢琴家弹奏音乐时，他会心无旁骛地紧盯着钢琴家的手指，力图找出手指和琴键的关系。下面是阿贝尔的数学笔记（如图 4.21）。

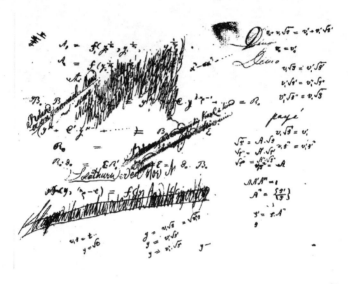

图 4.21　阿贝尔的笔记/维基百科

与阿贝尔一样不足 30 岁便殒命于肺结核的德国数学家艾森斯坦对音乐喜欢有加。不但有弹奏钢琴的雅趣，还会自己作曲。他是这样描写其作曲和弹琴的动机的："一个人最好在自己的专业之外有一技之长……一个人不可能用数学理论来让大家快乐，但每个人都可以享受我演奏的奏鸣曲或序曲！"由于他英年早逝，他被后人在数学家里比作伽罗瓦和阿贝尔，在音乐

图 4.22　艾森斯坦/维基百科

家里比作莫扎特和彼得·舒伯特，还曾被高斯誉为 3 个划时代的数学家之一（另外两个是阿基米德和牛顿）。

8. 波约·亚诺什在击剑比赛中弹奏小提琴

波约·亚诺什出生在下图所示的房子里（如图 4.24）。他是匈牙利数学家，和罗巴切夫斯基同为非欧几何中双曲几何的创始人。波约是姓，但很多人喜欢按照他自己的习惯称呼他。其父波约·法尔科斯亦是数学家，在 1831 年出版的一本数学教科书里，包含儿子所写的一个长达 26 页的附录（如图 4.25）。令人意想不到的是，这个附录的学术价值远超该书的其他内容，成为非欧几何的基础之一和数学史上的一个里程碑。

图 4.23　波约·亚诺什/维基百科

图 4.24　波约·亚诺什出生的房屋/维基百科

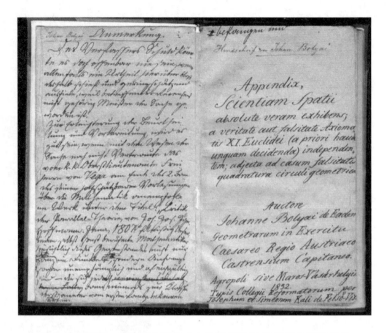

图 4.25   波约·亚诺什在其父书中的附录首页/匈牙利国家委员会

波约·亚诺什的小提琴与击剑水平很专业。他天赋异禀，5 岁展露出语言和音乐天赋，7 岁开始拉小提琴，很快就能拉十分复杂的曲子。大学期间，在紧张的学习之余热衷体育和小提琴，在音乐会上隆重演出过。甚有传奇况味的是，他曾经与人连续进行了13 次击剑决斗，每决斗两次后独奏一次小提琴，最终却大获全胜，一度传为佳话。

9. 音乐是感觉的数学，数学是理智的音乐

英国数学家西尔维斯特为了将数字的矩形阵列区别于行列式而首先使用了矩阵一词，同凯莱一起发展了行列式理论。他认为置身于数学中不断地探索和追求，能把人类的思维活动升华到纯

净、和谐的境界。现已出版了《西尔维斯特数学文集》(如图 4.27),英国皇家学会还设立了西尔维斯特奖(如图 4.28)。

图 4.26 西尔维斯特/维基百科

他痴迷艺术,在"求虚根的牛顿法则"一文的脚注中,有他独特的艺术观。"难道不可以把音乐描述为感觉的数学,把数学描述为理智的音乐吗?二者的精神是一致的!音乐家感受数学,数学家思考音乐;音乐是梦幻,数学是现实的生活。它们均从彼此获得圆满,当人类理性趋于圆满,将照亮统一的莫扎特和狄利克雷或贝多芬和高斯,而这样的统一,在亥姆霍兹的天才和辛劳里,已经锋芒毕现。"

他的这一段别有韵味的评述,具有超高的人生体悟和格局。实际上间接地描摹了音乐与数学血脉相连的关系。数学是对事物在量上的抽象,而音乐是对自然声音的抽象,二者在抽象这一点上达到和谐和统一。在人类智慧升华到完美境界时,音乐和数学就互相渗透,融为一体了。

图 4.27 《西尔维斯特数学文集》
封面/美国数学会

图 4.28　英国皇家学会的西尔维斯特奖/维基百科

西尔维斯特所提到的亥姆霍兹是德国物理学家、生物学家、数学家、哲学家，主张基础理论与应用研究并重。亥姆霍兹热爱音乐，在音乐理论方面有所发现和创新。他发展了音乐理论中的半音音阶。1863 年，出版声学经典著作《音调的感觉》（如图4.30），对音乐学家的影响长达数十年，现在音分已经成为表示和对比音高及音程的相对标准的方法。他对数

图 4.29　亥姆霍兹/维基百科

学与音乐之间关系的理解十分精妙，认为："数学与音乐是人类发现的两个有着鲜明特色的知识领域，二者的互相支持，似乎是要证明有一个暗藏的纽带把我们的思维联系起来……"。我们可以看到他对音乐的这般参透已被西尔维斯特高度赞赏并广泛流传了。

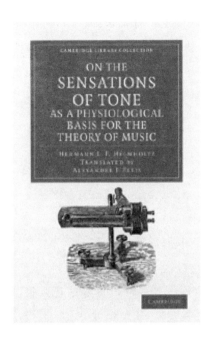

图 **4.30**　亥姆霍兹的《音调的感觉》/剑桥大学出版社

10. 门德尔松的妹夫狄利克雷

　　门德尔松的妹夫狄利克雷是德国数学家，创立了现代函数的正式定义，对数论、数学分析和数学物理有突出贡献，是解析数论的创始人之一。1863 年，他撰写了《数论讲义》，对高斯划时代的著作《算术研究》作了明晰的解释并有创见，使高斯的思想得以广泛传播。

图 **4.31**　狄利克雷 /维基百科

狄利克雷亦是天生具有音乐细胞，音乐赋予他很多灵感和启发。据说，"狄利克雷单位定理"就是他在教堂里听音乐时突发灵感而得以证明的。在这一点上，他与拉格朗日很相像。在他从巴黎到柏林后，由洪堡引荐，加入著名作曲家门德尔松的音乐沙龙，有机会结识门德尔松的小妹瑞贝卡，彼此相爱，喜结连理。从此瑞贝卡深深地影响其一生，特别是，在哥廷根大学协助

图 4.32　狄利克雷的妻子、门德尔松之妹瑞贝卡/维基百科

狄利克雷和伯恩哈德·黎曼形成良好的音乐氛围，是哥廷根大学历史上浪漫温馨的一笔。

11. 两位全才数学家的不同音乐际遇

图 4.33　希尔伯特/维基百科

1900 年在巴黎举行的第 2 届国际数学家大会上提出著名的 23 个问题的德国数学家希尔伯特，是一位少有的数学全才，是 19 世纪末和 20 世纪初最具影响力的数学家之一，曾领导了哥廷根数学学派的工作。图 4.34 所示就是哥廷根数学研究所。

他的艺术水准炉火纯青，不仅会跳优美的交际舞，而且是出色的业余钢琴家。有一则故事说，一次有人见

图 4.34　哥廷根数学研究所/维基百科

他在钢琴上弹奏平均律，遂好奇地询问他在哪个音乐学院学习。他自然地答道："我没有在音乐学院学习过，只是年轻时祖母强迫我弹巴赫的曲子。"他喜欢教书，喜欢与学生共处。据说，在学生眼中，他不像克莱因那样是远在云端的神，而像是一位穿杂色衣服的风笛手，用甜蜜的笛声引诱一大群老鼠跟着他走进数学的深河。这种形象的比喻也许在刻画他吸引学生的同时，还在不自觉地唱和希尔伯特对音乐的喜爱之情吧。

　　但另一位有数学全才之称的法国数学家庞加莱却未如希尔伯特这般在艺术上受到上苍的眷顾。他上中学时因视力很差，所以在音乐和体育方面并不擅长。但是先天条件的不足并没有减弱他学习和喜爱音乐的热情，他在巴黎综合理工学院学习时，曾经试图学习钢琴，但是没有成功。不过，休闲时最喜欢听高雅音乐的习惯伴随了他整整一生，表露出他内心对音乐的渴求从未减少。

图 4.35　庞加莱/维基百科

与庞加莱生活在同一时代的法国土
木工程师、业余数学家和音乐家勒穆瓦
纳是一位小号演奏家，出于对音乐的迷
恋，在巴黎综合理工学院上学时参与组
建了一个室内乐团"小号"。他在自己家
中举办室内乐演出达半个世纪之久，就
连大作曲家圣桑也难违其盛情为乐队作
曲几首。可见勒穆瓦纳的面子有多大！

图 4.36　勒穆瓦纳/维基百科

能有这么大面子的数学家应该也不多。
勒穆瓦纳甚至给圣桑命题作曲，请其作一首把小号混入小提琴和
钢琴的曲子。为此，圣桑几乎使出浑身解数才得以圆满完成任务。
圣桑把它命名为《七重奏》。不可否认，这个乐团对巴黎的音乐生
活产生了深远影响，也许庞加莱就是受其影响的人之一吧。

12. 爱米·诺特、库朗和阿廷的数学音乐聚会

无论是狄利克雷还是希尔伯特，都有着浓郁的哥廷根传统，
他们对音乐的共同执着似乎也在预示着哥廷根大学的良好音乐氛

图 4.37　库朗/维基百科

围。在 20 世纪初的哥廷根大学，数学家们
经常集会，研讨数学，演奏和倾听音乐，在
数学和音乐的交融中碰撞着智慧的火花，其
中也包括爱米·诺特、库朗和阿廷等人。

爱米·诺特是一位女数学家，被誉为抽
象代数之母。她自感没有耐心成为一个好妻
子和好母亲，所以终生未婚。虽然她的钢琴
弹奏技能不是很好，而且她也不喜欢弹钢

琴，但因其母亲是富有天赋的钢琴家，她多少受到了音乐的熏陶，学习了钢琴，因此，经常参加库朗在其住处举办的音乐会。说到库朗，他不但是一位杰出的数学家，而且具有优秀的组织能力，曾创办库朗研究所，加之他对音乐的喜爱，那么他热衷于组织音乐会也就不足为奇。

图 4.38　1932 年，爱米·诺特(右 5)、阿廷(右 6)、外尔(左 4)、曾炯(右 2)等在哥廷根大学 /Oberwolfach Photo Collection

这个音乐会是哥廷根数学学派的非正式研究活动。有人曾这样描述它：1925 年的夏日，哥廷根数学研究所是那么令人神往。爱米·诺特常常组织代数拓扑讨论会。大家快乐地集聚在一起，共同度过了许多美好的午后和夜晚，时而在莱茵河泛舟，时而在泳池畅游。虽然按规定泳池只对男性开放，但是爱米·诺特和库朗这些人对此视而不见，在游泳、泛舟和散步的同时激情洋溢地讨论数学。在音乐晚会中，数学元素则更多。随着库朗和其他几个人在钢琴等不同乐器上的演奏，时间飞快地滑过夜空，数学家们的热情持续热烈和高涨。虽然库朗仅仅弹出 75% 的乐谱，但是他对自己的疏漏毫不担心，因为别人注意不到。而爱米·诺特认为没有必要证明她的钢琴技艺，弹"快乐的农夫"不太适合，另外她有很多数学问题需要讨论。另外值得一提的是，库朗对音乐的浓厚热情感染了他的女儿莱奥诺，莱奥诺最终成了专业音乐家，嫁给了数学家博考维茨。

阿廷是 20 世纪最伟大的代数学家之一，被誉为布尔巴基学派的先驱，与爱米·诺特一起引领抽象代数学走向成熟，但是他与爱米·诺特不同的是，他的钢琴演奏水平极高，而且特别严格，严格得一如他所做的代数。他也是一位杰出的长笛演奏家，尤其热爱巴赫的音乐，在哥廷根大学时，每每应邀参加库朗举办的音乐会时，都会尽兴弹奏几乎所有的键盘乐器，有着一种不醉不休的架势。

由此看来，哥廷根大学是数学的圣地，是艺术的殿堂，数学家们乐于倾听音乐，陶醉于音乐，也许正是这种数学和音乐的交融，才使得哥廷根在某些方面有了不一样的辉煌。

13. 伯克霍夫研究"音乐测度"

伯克霍夫是第二次世界大战期间美国数学界公认的领袖人物，为美国数学的发展作了许多组织工作，在国内外享有盛誉，其重要的工作是在动力系统方面，遍历理论的抽象形式就是由他给出的。他的儿子也是一位数学家。

伯克霍夫兴趣广泛，曾花许多时间研究"音乐测度"，写过几篇相关学术论

图 **4.39**　伯克霍夫/维基百科

文。他曾设想更大范围的美学测度，其中音乐测度是其中的一部分。美学测度的核心是一个看似简单的数学公式：$M=O/C$，其中 M 是美学测度，O 是美学度，C 是复杂度。他认为自然界只有在数学中才能得到和谐的理解，因此曾建议一位专业音乐家研究数学。人们可以根据伯克霍夫美学测度研究几何形状（如图 4.40）。

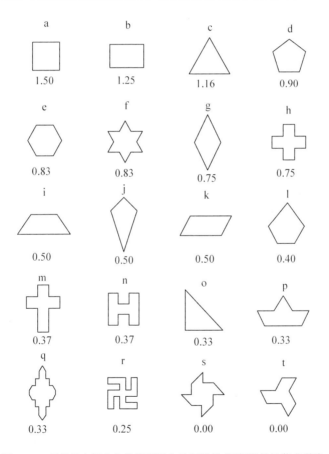

图 **4.40**　根据伯克霍夫美学测度研究几何形状 /阿姆斯特丹艺术学院

与伯克霍夫相比，另一位美国
数学家，伯克霍夫的学生惠特尼虽
然于 1982 年获得沃尔夫数学奖，并
以研究图论、拓扑和微分几何见长，
但是大学时的专业却是物理和音乐。
他儿时并不喜欢数学，先是在 1928
年取得物理学的学士学位，后继续
专攻音乐，1929 年取得音乐学士学
位。他一生热爱音乐，音乐才情极
高，会弹奏钢琴，演奏小提琴、中
提琴、双簧管等乐器，曾担任普林
斯顿交响乐团首席小提琴手。下面

图 **4.41**   惠特尼/肯迪格

是以惠特尼命名的惠特尼伞(如图 4.42)。

图 **4.42**   以惠特尼命名的惠特尼伞/维基百科

14. 乐队的演奏漏了一个音符

图 **4.43**　迪厄多内/维基百科

　　法国布尔巴基学派的创始人之一迪厄多内的研究领域十分广阔，涉及一般拓扑学、抽象代数、典型群、形式群、泛函分析、复分析、代数几何以及数学史等领域。由于布尔巴基学派刻意保密，一度在数学界被误认是一个人。著名的《数学原本》就是这个学派的杰作，其中迪厄多内是最重要的笔杆子。

　　迪厄多内是业余钢琴家，记忆超群，能记住数百上千页的乐谱。有趣的是，在为布尔巴基学派写书之前，他常常会弹奏一小时钢琴。他去听音乐会时也会手捧乐谱，时语："乐队的演奏漏了一个音符……"。在其生命的最后半年，他毅然结束其数学工作，安心回到家里，静听音乐，捧读乐谱，能够以这种心态和方式度过人生的最后历程堪称完美。

15. 聆听无声之声

　　美国拓扑学家拉尔夫·福克斯在 20 世纪 60 年代异常有名，提到他就相当于提到低维拓扑。他在纽结理论的最后形成中扮演了重要角色，提出了"福克斯上色"方法、"福克斯—阿廷弧"和"福克斯导数"概念，发现了函数空间里紧致开拓扑与同伦的关系。

　　拉尔夫·福克斯从小就表现出音乐天赋，特别是在学习弹奏钢琴方面更为突出。在斯沃斯莫尔学院学习的两年里，他同时在费城的一家音乐学校上课。他的小提琴演奏水平相当专业，还有着幽默风趣的性格。据说，有一次他和日本数学家小平邦彦共同参加音乐会，台上的演奏不是很顺畅，时不时停顿，而且有声音的时间少于没有声音的时间。小平邦彦感到特别不好听，福克斯叹息道："这是受了禅影响之后的音乐，我正在试图聆听无声之声。"

图 4.44　拉尔夫·福克斯/维基百科

小平邦彦是代数几何和紧复解析曲面理论方面的出色数学家，也是代数几何日本流派的奠基人和 20 世纪数学界的代表人物之一。1954 年获得菲尔兹奖，1985 年荣获 1984 年度沃尔夫数学奖。他亦是一个了不起的钢琴家，与妻子相遇和相爱就缘于一次他们一起演奏小提琴和钢琴合奏。据说他在美国购买的第一架钢琴是一架二手钢琴，每个音都比正常的钢琴低半个，他就索性用上移半个音的方法弹任何曲子。

图 4.45　小平邦彦/维基百科

16. 参透数学与音乐关系的盖尔范德

出生在乌克兰的犹太裔数学家盖尔范德，家境贫寒，中学未毕业。患阑尾炎时，要求父亲买一本微积分才同意开刀。他一生多产，是 20 世纪最重要的数学家之一，曾获首届沃尔夫数学奖，与印度数学家拉马努金、中国数学家华罗庚并称为 20 世纪 3 位自学成才的数学天才。主要工作有盖尔范德—奈马克定理、孤立子理论（盖尔范德—狄基方程）、巴拿赫代数理论的盖尔范德表示、复典型李群的表示理论、无限维空间上的分布理论和测度以及常微分方程的盖尔范德—列维坦理论。

图 4.46 盖尔范德在罗格斯大学／维基百科

他认为数学与音乐有一些共性，二者均美丽、简洁、精确，且需要疯狂的思想。但是他认为数学与音乐也有一个很大的区别，就是当人们想起音乐时，并不像数学那样将它分成不同的领域。作曲家会说，"我是作曲家"，但不会说"我是四重奏作曲家"。如果有人问他是什么专业时，他总是回答，"我是一位数学家"。也许这在说明他向往数学与音乐的相通与一致吧。

2012 年刚刚斩获邵逸夫数学科学奖的数学家孔采维奇是盖尔范德的学生，大学毕业后，在俄罗斯信息传输研究所担任研究员时开始学习大提琴。非常享受跟他的音乐家朋友们一起演奏巴洛克及文艺复兴时期的乐章，在音乐的演奏中度过了几年快乐的时光。

图 4.47 孔采维奇／维基百科

17. 业余音乐家卡普兰斯基

卡普兰斯基，出生于加拿大安大略省的多伦多，其父母是波兰移民，父亲是个裁缝，母亲经营过超市和连锁面包店。本科就读于多伦多大学。毕业那年，参加了第1届普特南数学竞赛，获得首届普特南奖学金，并用这笔奖金去哈佛大学继续深造。1941年，在哈佛大学获得博士学位，导师是麦克莱恩。他先是留在哈佛任教，1944年随麦克莱恩到哥伦比亚大学工作一年。1945～1984年，担任芝加哥大学的数学教授。1985～1986年，担任美国数学学会主席。卡普兰斯基是第一位提议在美国西海岸建立类似于普林斯顿高等研究院的数学家。加州大学伯克利分校的数学科学研究院就是这个提议的产物。后来他亲自担任这个研究院的主任直到退休。

图 4.48　卡普兰斯基/维基百科①

———————————

①　此作品由 George M. Bergman 提供授权。

卡普兰斯基是一个多才多艺的业余音乐家。在他 4 岁的时候他听过一次意第绪语（属日耳曼语族）的音乐会。他非常惊讶怎么会有这么好听的声音。回到家，他就开始在钢琴上试图弹出乐曲中的主旋律。家人见到他如此痴迷音乐，马上开始让他学习钢琴。但 11 年后，他认识到自己在钢琴上不会比别人更有作为，随即停止了学习，但是没有停止演奏。"上帝想让我成为一个完美的伴奏家，更准确地说，一个完美的排练钢琴家"。

他热爱演出。高中时，他为舞场伴奏赚钱。当研究生时，他参加哈佛大学的爵士乐队演奏，还定期在哈佛大学的学生广播电台有节目演出。在伯克利时，曾到一家当地著名的咖啡馆演奏。到芝加哥大学后，已有 20 年没有过钢琴演出的他再次出山，成为一个学生音乐社团的伴奏。他经常创作以数学为主题的音乐，比如有一首关于圆周率的歌曲，他把音符放到圆周率的小数点后前 14 位上，偶尔会乘兴让其身为歌唱家、词曲作家的女儿露西来演唱。他在女儿小的时候就教她很多 20 世纪三四十年代的歌曲。后来还随他的女儿巡回演出。看来上帝真的把他塑造成了一个完美的伴奏家。

美国歌唱家、钢琴家和数学家莱勒是卡普兰斯基的学生。卡普兰斯基自认在音乐上不如莱勒。莱勒在 MIT、哈佛大学和加州大学圣克鲁斯教授数学和音乐。他创作的一个关于元素周期表的歌曲"周期表"非常有影响。因出演哈利·波特而成名的雷德克里夫能熟练、快速地唱出这首歌。

18. 约翰·纳什的口哨

美国数学家约翰·纳什主要研究博弈论和微分几何学。1950

年，约翰·纳什把自己的研究成果写成题为"非合作博弈"（即"纳什均衡"）的博士论文，当年 11 月刊登在美国全国科学院每月公报上，立即引起轰动，是博弈论学科的开创性文章。"纳什均衡"的提出和不断完善为博弈论广泛应用于经济学、管理学、社会学、政治学、军事科学等领域奠定了坚实的理论基础。

图 4.49　约翰·纳什/维基百科

　　与"纳什均衡"同样出名的是约翰·纳什的古怪性格，这种古怪性格追随他一生。他喜欢吹口哨，但一位喜欢音乐的数学家觉得听他的口哨是一种折磨。结果约翰·纳什索性把自己吹的口哨录了一盘磁带，恶作剧般地放到这位数学家的录音机里。

图 4.50　以约翰·纳什为原型的电影《美丽心灵》/维基百科

　　约翰·纳什喜欢绕着普林斯顿大学数学系的大楼游荡，嘴里吹着口哨，远近闻名。菲尔兹奖和沃尔夫数学奖获得者数学家米尔诺就曾坦言，他第一次听巴赫的音乐就是通过约翰·纳什的口哨声。现在我们想想，约翰·纳什的口哨似乎俨然成了他的另一个标签，也成了普林斯顿大学的另一道风景。此外，人们还以约翰·纳什为原型拍摄了电影《美丽心灵》（如图 4.50）。

19. 著名黑客高德纳

　　著名计算机科学家、斯坦福大学计算机系荣誉退休教授高德纳是现代计算机科学的先驱人物，他创造了算法分析的领域，在数个理论计算机科学的分支做出基石一般的贡献。在计算机科学及数学领域发表了多部具有广泛影响的论文和著作。他还是 1974 年图灵奖得主。

图 **4.51**　高德纳 /维基百科①

　　高德纳每出版一本书，就宣布他将付 1 美元给每位在他的书中找到错误或提出修改意见的人（如图 4.52）。数学家汤涛和丁玖

―――――――――――

　　①　此作品由 Jacob Appelbaum 提供授权。

在出版他们的《数学之英文写作》之后向高德纳学习，也做了同样的宣布。关于这本书，请参见第 3 册第十三章"把数学写作当作语言艺术的一部分"。

图 4.52　高德纳的支票 /维基百科①

图 4.53　高德纳酷爱音乐 /斯坦福大学，帕里卡尔

---

①　此作品由高德纳和 Tony Lu 提供授权。

与大多数传统黑客一样，高德纳酷爱音乐。高中的时候，高德纳兴趣所在并非数学，而是音乐，尤其是听音乐和作曲。他一度还曾考虑报考音乐专业。他在他的书房中放了一个特别定制的84管的管风琴。除此之外他也会吹萨克斯管和大号。高德纳的作品《歌曲的计算复杂度》（*The Complexity of Songs*）曾两度刊印在计算机协会期刊上。

20. 钱学森的三角钢琴

被誉为"中国航天之父""中国导弹之父""中国自动化控制之父"和"火箭之王"的钱学森，不但是享誉海内外的杰出科学家，中国航天事业的奠基人，中国两弹一星功勋奖章获得者，而且还是一位应用数学家，他在美国加州理工学院先后获得航空工程硕士学位和航空、数学博士学位。

图 4.54 钱学森/中新网

钱学森酷爱音乐艺术，会吹小号。据说当年他考加州理工学院的时候，学校强调要会音乐，因为学科学比较枯燥，有的时候要靠艺术来调剂，而且学过音乐的人一定有良好的学习习惯。当年冲破美国阻挠回国时，他就是一手牵着7岁的儿子，一手握着吉他，从香港步入罗湖桥。

还有一个钱学森的三角钢琴故事为人传颂。1947年，钱学森与后来成为"欧洲古典艺术歌曲权威"的蒋英在上海喜结良缘。同年9月26日，两人共赴美国波士顿，在新家的起居室里摆了一架

黑色的大三角钢琴。这架钢琴是钱
学森送给新婚妻子的礼物。回国
后，在其中国科学院宿舍区的家
里，除了满眼的藏书外，最引人注
目的就是一架德国制造的黑色大三
角钢琴。三角钢琴也成了钱学森这
对爱国夫妇一生真挚情感、至诚追
求和至上奉献的注脚。

图 4.55　钱学森在美国/维基百科

　　据武侠小说家金庸的一篇文章中说，他们夫妇还合写过一篇
文章，标题是《对发展音乐事业的一些意见》，文中用到了数学统
计的方法，可以说是两人科学与艺术思想的一次美妙结合。下面
就是蒋英与钱学森在美国期间使用过的竹箫和吉他以及钱学森赠
予蒋英的结婚礼物——斯坦威大三角钢琴（如图 4.56）。

(a)蒋英与钱学森在美国期间　(b)钱学森赠予蒋英的结婚礼物
　　使用过的竹箫和吉他；　　　——斯坦威大三角钢琴/赖鑫琳

图 4.56

21. 酷爱音乐的张益唐

2013 年 5 月，华人数学家张益唐在"孪生素数猜想"问题上取得了实质性的巨大突破，声名鹊起。他 1978 年考入北京大学数学系，1982 年本科毕业后师从数学家潘承彪攻读硕士学位，1985 年取得硕士学位赴美留学，1992 年在普渡大学获博士学位，经历过一些波折后长期在美国新罕布什尔大学默默耕耘，在这期间曾经得到其北大同学唐朴祁和葛力明教授的重要帮助。他因这个成果获得多项荣誉，比如 2013 年 7 月 14 日喜获晨兴数学卓越成就奖，2013 年 12 月荣获科尔数论奖，2014 年 8 月在国际数学家大会上受邀作 1 h 报告，2014 年 9 月 16 日荣获麦克阿瑟奖等。

图 4.57　张益唐/维基百科

数学家汤涛 2013 年 6 月 11 日在善科网发表了《张益唐和北大数学 78 级》，其中特别谈到张益唐热爱音乐的故事。"张益唐在北大求学期间接触了西洋古典音乐，从此一发不可收拾。他能用他那略带生涩的男高音，羞羞答答一遍又一遍地吟唱勃拉姆斯 D 大调小提琴协奏曲的第二乐章主题，然后不无赞叹地说：'太美了，他(勃拉姆斯)怎么能写出这么隽永的旋律来！'2012 年在华裔指挥家齐光家第一次听斯特拉文斯基的《春之祭》，在最后一个和弦戛然而止之后，他把杯中的苏格兰威士忌一饮而尽，大呼过瘾。有一次张益唐半夜打电话给齐光，说他那天把海菲茨和奥伊斯特拉赫演奏的柴可夫斯基 D 大调小提琴协奏曲听了 N 次，辗转反侧，夜不能寐，要和齐光聊音乐。说着说着就在电话里唱了起来。齐光对他开玩笑说：'老兄是个少有的音乐天才，当数学家真是委屈了，有如孙猴子当了弼马温，一朵鲜花插在了牛粪上。'电话那边，长时间的沉默。看来张益唐真的上心了。"

图 4.58   张益唐与齐光 / 齐光

22. 北京大学乐队指挥、作曲马希文

中国数学家、计算机专家、教育家、语言学家和科普作家马希文，少年天资聪颖，1954 年，年仅 15 岁就考入北京大学数学力学系，被丁石孙誉为"最有才能的学生之一"，亦被普遍誉为"数学神童"。后来成为北京大学数学系教授，桃李无数。特别是他的数

学科普精品《数学花园漫游记》(如图 4.60)屡获殊荣,深受广大青少年读者的青睐。

图 4.59 马希文/北京大学数学学院

马希文在学习上毫不费劲,因此有充裕的时间发展业余爱好,其中倾注精力最多的就是音乐,且颇具音乐才能,学生时代担任过北京大学文工团管弦乐队的指挥,"文化大革命"期间成为北京大学乐队的作曲。据北京大学数学力学系 1957 级王缉志先生回忆,1957 年,学校庆祝国庆游行时,数学力学系游行队伍中有一个管弦乐队,指挥就是马希文,演奏的乐曲是马希文选定的"老友进行曲"。当时的北京大学管弦乐队还有一个指挥王志良,与王缉志皆是 1957 年入读

图 4.60 马希文的《数学花园漫游记》/中国少年儿童出版社

北京大学数学力学系，且是同学，王绪志是手风琴队队长。另外他们同年级的数学系同学邢光谦是北京大学民乐队的队长兼指挥。因此，当时北京大学乐队的领袖都是学数学出身，也侧面说明了数学和音乐有某种内在的联系。

钢琴家傅聪的钢琴启蒙老师是数学家、教育家雷垣。雷垣曾担任大同大学、上海交通大学、华东师范大学、安徽师范大学等校教授，研究方向为代数学、数学教育。

钱学森、张益唐、马希文和雷垣这 4 位中国数学家都热爱音乐，我们坚信在中国数学家中一定有很多热爱音乐的。不过，歌之忆似乎不这样认为。他说："数学家的业余爱好要少一些，当然有可能是关于他们的记载要少一些，不过我觉得他们更能够集中精力，全身心地投入。"陈省身在《数学陶冶我一生》的一段话似乎验证了歌之忆的看法。陈省身说："听音乐对我一直是浪费时间，偶尔介入此道，纯粹

图 **4.61**　雷垣/华东师范大学

出于社交之故。"他是中国人最为推崇的大数学家。既然他都这么说，是不是中国的文化中有某种数学和音乐的断链？

23. 更多的故事

在我们为本文收集素材的时候，发现材料越收集越多，以致达到不得不忍痛割爱的地步。

钟情音乐的数学家不胜枚举。发现了"最小作用量原理"的法国数学家莫佩尔蒂是可以在音乐会上演奏六孔木箫的演奏家，还会演奏德国吉他。明确陈述了德·摩根定律并严格化了数学归纳法的德·摩根由于一目失明而与体育绝缘，其主要娱乐是笛子，大学期间是音乐俱乐部的核心成员。精于数论的英国数学家马修斯对音乐的熟悉程度和专业音乐家不相上下，喜欢把高斯和巴赫的著作放在同一层书架上。格拉斯曼现在以数学家身份著称，但在他那个年代，却不能以数学家身份得到承认。他也是一位钢琴演奏家、作曲家、歌唱家，发表过三部式的波美拉尼亚民歌，多年来指挥过一个男生合唱团。解决了泛函分析中 40 多年来悬而未决的三个基本问题的瑞典数学家恩佛罗是音乐神童，出色的钢琴家，是安达等著名钢琴家的学生。芬兰数学家奈凡林纳更是被赞誉为谱写了西贝柳斯式的《芬兰颂》。美国圣路易斯的华盛顿大学数学系主任大卫·莱特不仅是一位有成就的数学家，也是优秀的音乐家。他在该大学教了 10 多年的数学与音乐课，并根据本人的讲义于 2009 年由美国数学会出版了《数学与音乐》一书。

由寡母带大的美国加拿大裔数学史家雷·阿奇柏德 18 岁便大学毕业，且得到荣誉毕业生的称号。令人惊奇的是，他同时获得了小提琴教师资格证书。此后他兼教数学与小提琴，直到 1908 年转到布朗大学才决意专教数学。在美国有一本非常流行的微积分课本《斯图华特微积分》，封面图案设计成小提琴，其作者斯图华特同时酷爱数学和音乐，以致不知如何选择专业。到大二时还一度徘徊不定，几乎要转到音乐系去。最终决定留在数学系，因为"有音乐爱好的数学家比有数学爱好的音乐家要好些"。不过变化总在发生，博士毕业后他还是进入了一所音乐学校去完成少年的梦想。美国教科书修订频繁且昂贵，他因此获益不少，用这笔钱盖了一座 5 层楼的豪宅，装修得像一个音乐厅。于他而言，数学和音乐就像两个难舍难分的魂灵。

自觉运用数学的作曲家亦不乏其人。莫扎特似乎有意使用黄金分割来改善其作品。他热爱数学，甚至在其乐稿边缘写下数学公式。法国作曲家萨蒂喜欢斐波那契数，在其众多曲子中也显现出用黄金分割为结构。匈牙利作曲家巴尔托克也明显应用了斐波那契数列。有半个数学家之称的塔涅耶夫是俄罗斯作曲家、音乐学家、钢琴家，是鲁宾斯坦和柴可夫斯基的学生。在俄罗斯音乐的历史上，他备受专业音乐人士赞誉，被认为是俄罗斯作曲家中最博学的一个。他在音乐理论特别是对位法的造诣上无人可敌，即便其恩师大名鼎鼎的柴可夫斯基也需时常向他讨教。他发现数学符号和公式对于音乐中的对位法十分有益，作曲理论尤其是巴赫式的对位法不过是数学的分支。他引用达·芬奇的话说："没有哪个学科可以声称是一门科学除非它能够被数学地证明。"人们戏称他为"半数学家，半幽默大师"。被誉为数学的莫扎特的陶哲轩有一个弟弟叫陶哲渊，他拥有数学博士学位和一个音乐学位。据说他可以在仅听过一遍之后，就能在钢琴上弹出一支管弦乐队表演的乐曲。

在当代，如曼格温一样的现代作曲家亦有意识地在作品中使用黄金分割和斐波那契数列。电子音乐先锋克塞纳基斯甚至在其主要作品中应用了随机分布、集合论、博弈论和随机漫步等更现代的数学理论，创作于 1956 年的"概率的作用"是其代表作之一。他因此被印第安纳大学聘请为数学音乐和自动化音乐教授。录音师兼数学家豪沃斯用算法成功修正了 20 世纪伟大民族歌手盖瑟瑞

1949 年的一盒现场录音磁带，从而与其团队一举获得 2008 年第 50 届最佳历史专辑的格莱美奖。美国当代作曲家和数学家巴比特 1938 年至 1945 年在普林斯顿大学教授音乐和数学，是最早用群论分析音乐的先驱之一。而对于群论与音乐的关系，19 世纪的作曲家雨果·黎曼最先发现了作曲理论与数学中的 24 阶二面体群有某种联系，但没有进行系统的研究，也没有引起人们重视。目前有越来越多的音乐理论家开始用 24 阶二面体群作用的模型来描述音乐的变调和转位。

对于用数学理论研究音乐理论的学者，我们还可以罗列出长长的一串名字：列文、科恩、朱利安·胡克、提摩科兹可，等。在这方面，我们可以清楚地看到中国数学界和音乐界的互相绝缘。

24. 结束语

西方对儿童的音乐教育很重视。在美国，孩子们每天都有音乐课，绝大多数学生都会演奏至少一样乐器。这大概是西方数学家能和音乐密切结合的渊源吧。

当然，数学和音乐并不是孪生的兄弟，精通数学并不一定要懂得音乐，精通音乐也并非一定要懂得数学，尽管它们同时表现在很多人的身上。正如奥古斯特·莫比乌斯在他的一本关于数学能力的书中写到的：音乐数学家常常出现……但还是有许多完全对音乐不入门的数学家和更多的没有数学才能的音乐家。两位德国学者哈克和齐汉曾发表文章说，只有 2％的调查结果显示音乐才能和数学才能有一定关联，其中男性与音乐的关联度大一些，有 13％。不知道这个结果是否被后人证实，但是我们相信如果能够同时精通二者，必定能够达到更高的创作境界。

行文至此，我们好像刚刚进入了数学家与音乐的丛林，在与其推心置腹之时，我们的心音也追随着那些不朽的符号、新奇的理论、轻灵的琴音和乐章一起跃动。掩卷沉思，那些卓越的智慧，那些优美的旋律，依然在我们心中回响。慷慨感怀之余，滋长着期盼和渴望。

我们更愿意相信，中国数学家中有许多通晓音乐甚至精通某种乐器的人，只是我们的传记作家们对他们还未完全认知。博客、论坛和微博的出现可能会改善这种现象，互联网能使得我们对中国数学家有更多的认识。我们希望本章的续篇"中国数学家与音乐"早日完成，亦希望从中看到中国数学家与音乐之间没有沟壑、一马平川。

参考文献

1. P. Weiss，R. Taruskin. Music in the Western World：A History in Documents，New York：Schirmer，1984.

2. T. Christensen. The Cambridge history of Western music theory，Cambridge：Cambridge University Press，2002.

3. C. Riedweg. Pythagoras：His Life，Teaching and Influence，Cornell：Cornell University Press，2005.

4. B. Augst. Descartes's Compendium on Music，Journal of the History of Ideas，1965，26(1)：119−132.

5. H. Bernhard. The Bernoulli Family，New York：Doubleday Page & Company，1938.

6. J. O. Fleckenstein，Johann and Jakob Bernoulli. Berlin：Birkhäuser，1977.

7. L. Euler. Tentamen Novae Theoriae Musicae，1739.

8. G. Warrack. Music and Mathematics，Music & Letters，1945，26(1)：21−27.

9. T. Christensen. Music Theory as Scientific Propaganda: The Case of D'Alembert's Élémens De Musique, Journal of the History of Ideas, 1989, 50(3): 415.

10. J. W. Bernard. The Principle and the Elements: Rameau's Controversy with D'Alembert, Journal of Music Theory, 1980, 24(1): 37−62.

11. N. Schappacher. Gotthold Eisenstein (16 April 1823 ∼ 11 October 1852), Mathematics in Berlin, Basel, Boston, Birkhäuser, 1998.

12. T. Dénes. Real Face of János Bolyai, Notices of the AMS, 2011, 58(1): 41−51.

13. H. Weyl, David Hilbert(1862 − 1943), Obituary Notices of Fellows of the Royal Society, 1944, 4(13): 547−526.

14. E. T. Bell. Men of Mathematics, New York: Simon & Schuster, 1986.

15. D. E. Smith. Biography of Émile-Michel-Hyacinthe Lemoine, American Mathematics Monthly, 1896, 3: 29−33.

16. J. J. Sylvester, Baker, Henry Frederick, ed.. The Collected Mathematical Papers of James Joseph Sylvester II, New York: AMS Chelsea Publishing, 1973.

17. L. F. Hermann, Helmholtz. On the Sensations of Tone as a Physiological Basis for the Theory of Music, Cambridge: Cambridge University Press, 2009.

18. J. Dieudonné. Mathematics-The Music of Reason, New York: Springer, 1992.

19. F. Hirzebruch. Kunihiko Kodaira: Mathematician, Friend, and Teacher, Notices of the AMS, 1998, 45(11): 1456−1462.

20. M. Kontsevich. Maxim Kontsevich Laureate in Mathematical Science, 2012.

21. P. G. O. Freund. Irving Kaplansky and Supersymmetry, arXiv: physics/0703037.

22. H. Bass, T. Y. Lam, Irving Kaplansky (1917 − 2006). Notices of the AMS, 2007, 54(11): 1477−1493.

23. R. V. Kadison. Irving Kaplansky's Role in Mid-Twentieth Century Function-

al Analysis，Notices of the AMS，2008，55(2)：216－225.

24. H. W. Kuhn，S. Nasar. The Essential John Nash，Princeton：Princeton University Press，2007.

25. J. F. Nash. Non-Cooperative Games，Princeton：Princeton University，1950.

26. 央视"人物"栏目，钱学森. http：//space. tv. cctv. com/podcast/renwuqxs.

27. 汤涛. 张益唐和北大数学 78 级，善科网，2013. http：//www. mysanco. com/wenda/index. php？class＝discuss&action＝question _ item& questionid＝3745.

28. 蒋迅. 闲话数学与音乐，数学与人文(第一辑)，2010.

29. 王缉志博客. http：//blog. sina. com. cn/s/blog _ 4a20485e010006zx. html.

30. A. N. 怀特海. 科学与近代世界，何钦，译，北京：商务印书馆，1959.

31. A. S. Crans，etc.. Musical Actions of Dihedral Groups，MAA，2009. (蒋迅，彭闯，张英伯，译：音乐中的二面体群作用，数学与人文("数学的艺术"分卷))

32. 杨健. "走进琴弦的世界——谈近三千年来人类对琴弦的研究及引发的思考中"的附录"拨弦模型的建立、求解和分析"，自然杂志，2004，26(3)：177－183.

33. M. Kline. Mathematical Thought from Ancient to Modern Times，New York：Oxford University Press，1972. (张理京，张锦炎，译：古今数学思想，上海：上海科学技术出版社，1979)

34. B. Daugherty. Swiss Mathematicians of the 18th Century. http：//bdaugherty. tripod. com/swiss/danielBernoulli. html.

35. E. Maor. A Historic Meeting between J. S. Bach and Johann Bernoulli，E：The Story of a Number，Princeton：Princeton University Press，2009.

36. J. J. O'Connor，E. F. Robertson. The MacTutor History of Mathematics archive. http：//wwwhistory. mcs. st-andrews. ac. uk.

37. J. D. Allen. Greatest Mathematicians born between 1800 and 1850 A. D. . http：//fabpedigree. com/james/grmatm5. htm.

38. D. Shavin. Rebecca Dirichlet's Development of the Complex Domain，Executive Intelligence Review，2010.

39. M. Schmitz. The Life of Gotthold Ferdinand Eisenstein，Res. Lett. Inf. Math. Sci. ，2004，6：1—13.

40. Gale Encyclopedia of Biography：Emmy Noether. http：// www. answers. com/topic/emmynoether-1.

41. R. L. Goodner. Chamber Music Featuring Trumpet in Three Different Settings：with Voice；with Woodwinds，with Strings，University of Maryland，2007.

42. C. C. Foster. An Examination of Music for Trumpet and Marimba and the Wilder Duo with Analyses of Three Selected Works by Cordon Stout，Paul Turok，and Alec Wilder，University of North Texas，2007.

43. G. Fowler，H. Whitney，Geometrician. He Eased 'Mathematics Anxiety'，The New York Times，1989.

44. Notable Alumni Kunihiko Kodaira (Fields Medal 1954). http：//www. s. u-tokyo. ac. jp/en/research/alumni/kodaira. html.

45. Pianist. Mathematician Holds Formula for Success，Columbus Dispatch，2011.

46. Knuth biography. JOC/EFR. September 2009.

47. 歌之忆. 微博上的数学漫游(三). 数学文化，2012，3(4)：73—81.

48. 李泳. 数学的大象. http：//blog. sciencenet. cn/blog-279992-692981. html.

49. 数学家获得格莱美奖源自算法成功处理伟大歌手音乐，开发者在线，2008.

50. D. Wright. Mathematics and Music，American Mathematical Society，2009.

51. 李文林. 数学史概论(第三版). 北京：高等教育出版社，2011.

第五章　数学与音乐

　　数学家与音乐的关系非同一般，而数学是数学家的舞台，当数学家们在舞台上翩翩起舞的时候，一起律动的往往还有音乐，在经意和不经意间演绎了一幕又一幕数学与音乐相结合的优美篇章。

　　事实上，数学作为一个工具，真可谓无所不及。德国古典哲学家康德说过："在任何特定的理论中，只有其中包含数学的部分才是真正的科学。"我们不知道他是否对数学的重要性夸大其词，但是数学的威力之大却是一个不争的事实。俄国音乐家斯特拉文斯基指出："音乐家应该懂得，对数学的研究就像一个诗人学习另外一种语言一样有用。"音乐家本身都对数学有如此高的评价，足见数学之于音乐的功用，也更具说服力。

　　爱因斯坦说过："这个世界可以由音乐的音符组成，也可由数学的公式组成。"可见数学和音乐只是组成世界的不同方式，它们一起表达着世界的样貌和声音。实际上，当我们遨游在历史的天空中，有时也不能决然地分清，哪些是音乐中的数学，哪些又是数学中的音乐，因为它们根脉相连、枝叶交叉，经常呈现出一种交互作用，正可谓你中有我、我中有你，相依而生、相伴而行。

　　这些论断并不是信口开河，而是有实践依据的。下面，我们通过一些初等的数学推导来解释音乐中的一些理论问题，并兼谈数学在音乐上的应用，从而以事实来说明数学在音乐发展中的重要地位。具体而言，首先从古希腊数学家对音乐的研究出发，延伸到现代的偏微分方程；接着用数学方法推导出著名的十二平均律并说明它是最佳的律制；然后用对数螺线再次说明数学与音乐的关系；最后讨论黄金分割和斐波那契数列在音乐中的应用。

1. 从古希腊数学家对音乐的认识到弦振动方程

音乐和数学的密切结合可以追溯到古希腊时期。我们在第四章"数学家与音乐"中讲过，毕达哥拉斯发现了音乐和声的基本原理，开创了用数学研究音乐的历史。

我们知道，声音是空气分子运动的结果。乐器发出声音大多是靠弦(或膜)的振动产生的有规则的空气运动来实现的。人们早就注意到，每一根弦都有它的固有频率。当这根弦缩短一半的时候，它的频率增加一倍。为简单起见，考虑一个两端固定的弦(细长的弹性物质)。应用牛顿第二定律 $F=ma$，我们可以推导出，当这个弦发生振动的时候，它上面每一个点 $y=y(x, t)$ 的运动轨迹(位移)满足弦振动方程：

$$c^2 \left(\frac{\partial^2 y}{\partial x^2} \right) = \frac{\partial^2 y}{\partial t^2}。$$

其中 c 是弦振动的波速，t 是时间。这个方程是达朗贝尔于 1747 年建立起来的。这也是历史上第一个偏微分方程。弦振动频率的计算也是由数学家得到的。英国数学家布鲁克·泰勒给出：

$$频率 = \frac{1}{2l} \sqrt{\frac{T}{\rho}}。$$

其中 l 是弦的长度，T 为弦的张紧程度，ρ 为弦的密度。弦振动方程的建立和求解超出了本书的范围，有兴趣的读者可以参阅上海音乐学院杨健的《走进琴弦的世界——谈近三千年来人类对琴弦的研究及引发的思考》中的附录《拨弦模型的建立、求解和分析》。在这里我们只能告诉读者，这个方程的通解用数学函数表达就是正弦函数 $p(t)=\alpha\sin(\beta t+\gamma)$ 和余弦函数 $q(t)=\alpha\cos(\beta t+\gamma)$ 的（无穷）线性组合，其中 α，β 和 γ 为常数。γ 关系不大，而 α 与声量大小成正比，β 与频率成正比。这个线性组合可能是无限的，在数学上的意义就是级数求和。因为是三角函数构成的级数，我们称之为三角级数。

2. 从三角函数的周期性看十二平均律

首先说明一下，在乐律研究中有 3 个主要的律式：十二平均律（equal temperament）、五度相生律（Pythagorean tuning）和纯律（just intonation）。这三种律式不完全一样，但差别不大。我们在这里用纯律来说明数学的作用。

由上一部分的讨论我们知道，三角函数的线性组合是弦振动方程的解。由于余弦函数可以用正弦函数来表示，我们在下面的讨论中不妨假定弦振动的轨迹为正弦函数。当然声音可以是音乐，也可以是噪声。那么我们是如何把音乐和噪声区分开的呢？毕达哥拉斯告诉我们，一个单独的音响无所谓动听与否，而判断一连串声音是不是会让人觉得是噪声关键在于这一连串声音是否和谐。这里的奥妙就在于音符的确定。大家知道，乐谱是由在不同高度上的哆、来、咪、发、唆、拉、西组成的。从一个哆到下一个哆经过 8 个音符。那么这个八度音是如何得到的呢？让我们用数学的方法根据毕达哥拉斯的发现找出八度音里的基本音符。首先，我们先任意确定第一个音符，记作 C。为简单起见，假定它的频率是 1 Hz，音量为 1。于是它的数学表达式为

$$y = \sin 2\pi t。$$

确定了 C 之后，我们来选择第二个与 C"和谐"的音符，这就是下一个八度音 C′：它的频率是 C 的两倍：2 Hz，音量也为 1。它的数学表达式为

$$y = \sin 4\pi t.$$

从数学图像上看，C 的曲线每秒重复一次，而 C′ 的曲线每秒钟重复两次。因为它们在第一秒的时候都回到 t 轴上（即 y 值变到零），所以它们产生的音响是和谐的。再下一个八音符 C″ 的频率应为 4 Hz（即 C′ 的两倍），所以在 C′ 和 C″ 之间，我们应该加入一个 3 Hz 的音符。为了和谐起见，我们必须再加入一个为其频率一半的音符，这就是在 C 和 C′ 之间的第一个八音区里的音符 G，它的频率为 3/2 Hz。自然，我们还应该加入一个频率为 5 Hz 的音符。这个音符在我们加入的第三个八音符外面。为了在第一个八音区里加入和谐音符，我们必须两次取 5 Hz 的一半，于是得到 5/4 Hz，这就是在 C 和 C′ 之间的第一个八音区里的音符 E。将我们现在已经得到的音符汇总起来，我们得到下面的表格（如表 5.1，C″ 以上的音符省略）：

表 5.1

频率	1		5/4		3/2		2		3		4
音符	C		E		G		C′				C″

从上面的表格看，我们还应该加入一个频率为 5/3 Hz 的音符，即 A（想想 题 为什么？）。于是得到下表（如表 5.2）：

表 5.2

频率	1		5/4		3/2	5/3		2				3			4
音符	C		E		G	A		C′							C″

注意到我们在 C 和 C′之间加入的第一个音符 G 的频率为 C 的 3/2 倍。因此，如果我们以 G 为起点，那么我们还应该加入一个频率为 $(3/2) \times (3/2) = 9/4$ Hz 的音符。但是这个音符在第一个八音外面，我们还必须将它平分一次，使得新的音符进入第一个八音区，这就是频率为 9/8 Hz 的 D。由此得到下表（如表 5.3）：

表 5.3

频率	1	9/8	5/4		3/2	5/3		2			3			4
音符	C	D	E		G	A		C′						C″

如果我们满足于现在的音阶，那么我们得到的正是中国古代音乐的五声音阶。中国古代五声音阶：宫、商、角、徵、羽，相当于现代音乐的 C，D，E，G，A 五个音阶。不过，我们还希望加入一个 4/3 Hz 的音符，即音符 F。用上面同样的方法，我们取 $(5/4) \times (3/2) = 15/8$ Hz 的音符，即得到音符 B。再将这两个音符填入表中，我们得到下表（如表 5.4）：

表 5.4

频率	1	9/8	5/4	4/3	3/2	5/3	15/8	2			3			4
音符	C	D	E	F	G	A	B	C′						C″

现在，如果音乐家们都以 C 作基调的话，上面的音符就可以

奏出优美的旋律了。问题是他们在演奏中常常还会变换其他音符作基调。那么上面的这些音符是否还会保持和谐呢？答案是否定的。我们注意到，C 到 G 频率增加了 3/2 倍，这个关系显然应该保持。但是，当我们看表中的下一个音符从 D 到 A 频率增加却不是这个关系，因为按照这个关系，A 的频率应该是 $(9/8) \times (3/2) = 27/16$ Hz。尽管 27/16 与 5/3 很接近，但它们并不严格具有和谐的关系。为了要达到全部的和谐，我们可以无限地加入新的音符，这显然是不可能的。那就是说，我们所需要的这个 3/2 关系必须在某一个八音上停止。从数学的角度来说，我们现在面临的问题就是我们必须选择正整数 m 和 n 使得

$$(3/2)^m = 2^n,\ m > 0,\ n > 0。$$

容易⬢证明，这个方程没有正整数解。最接近的使得这个方程近似成立的正整数为 $m = 12$ 和 $n = 7$，因为这时我们有：

$$(3/2)^{12} \approx 129.746\ 33\cdots\ 和\ 2^7 = 128。$$

这说明，我们在 C 和 C′ 之间需要 12 个能满足 3/2 关系的音符，而且其中相邻的两个的频率比值是常数。现在我们来确定这 12 个音符。假定把这个常数记作 R。因为我们需要 12 个音符，而且每高一个八度频率加倍，所以有：

$$R^{12} = 2。$$

这个方程的基本解为 $\sqrt[12]{2} = 1.059\ 4\cdots$。这是一个无限不循环小数（无理数）。用等比数列 $\{R^i,\ i = 0,1,2,\cdots,11\}$ 我们得到一个已经成为西方音乐律制核心的"十二平均律"（equal temperament）（如表 5.5）：

表 5.5

频率 (分数)	1	16/15	9/8	6/5	5/4	4/3	7/5	3/2	8/5	5/3	7/4	15/8	2
频率 (小数)	1.000	1.067	1.125	1.200	1.250	1.333	1.4	1.500	1.6	1.667	1.75	1.875	2.000
音符	C	C♯	D	D♯	E	F	F♯	G	G♯	A	A♯	B	C′
十二 平均律	1.000	1.059	1.122	1.189	1.260	1.335	1.414	1.498	1.587	1.682	1.782	1.888	2.000

比较表 5.5 中的第 2 行和第 4 行我们发现，十二平均律所确定的音符与我们前面推导得到的(毕达哥拉斯的)自然律制非常接近，而且在 C 和 C′ 上重合。虽然它是人为地将从 C 到 C′ 这个八度按等比数列分成十二个相等半音，但是它解决了自然律制在转调上不和谐的缺陷，非常适合调式变换、和声写作和器乐演奏，极大地扩展了作曲和演奏的范围。

下面我们来说明这样的分法是最佳的。回忆十二平均律的确定是从方程 $(3/2)^m - 2^n = 0$，$m > 0$，$n > 0$ 的近似解得到的。把等式左边的差用 Res(m, n) 表示，即 Res$(m, n) = (3/2)^m - 2^n$。我们的近似解 $(m, n) = (12, 7)$ 使得 Res$(12, 7) = 1.746\,33\cdots$。

数学上把 Res 称作剩余值。我们自然可以考虑这样的问题：如果我们再增加几个音符，效果是否会更好? 用数学表达式我们可以把问题叙述成一个极值问题：

$$\min\{\text{Res}(m, n)\colon m > 0,\ n > 0,\ m \text{ 和 } n \text{ 是正整数}\}.$$

这个表达式是说，要在所有的正整数组 (m, n) 中寻求一组使得 Res(m, n) 达到极小值。十二平均律表明

$$\text{Res}(12, 7) = \min\{\text{Res}(m, n)\colon 0 < m < 13,\ 4 < n < 8,\ m \text{ 和 } n \text{ 是正整数}\}.$$

这里我们限制了 $n>4$，因为我们已有了 5 个音符。现在让我们来扩大搜寻范围。我们把问题简化成

$$\min\{\mathrm{Res}(m,n): 0<m<500, 4<n<500, m \text{ 和 } n \text{ 是正整数}\}。$$

注意这里我们允许 n 取值 500，尽管由于受制于乐器和人体活动的范围，我们不可能让 n 如此之大。读者可以用任意一个计算机语言编写一个简单的程序去验证，这个极值仍然是在 $m=12$ 和 $n=7$ 时达到最小。有人曾经提出十九平均法。上面的简单讨论就说明这是不可取的。

上面的讨论假设了 C 的频率为 1 Hz，当然这不符合实际。通常 C 调的频率为 262 Hz，C 上面的 A 为 440 Hz。以 A 调为基准加以类推，我们就得到了全部 12 个音阶。重要的是，当一个音符升高八度后，它的频率加倍。例如 C′调，其振动频率为每秒 528 次。

注意三角函数在这里的重要意义。事实上，利用三角函数我们也可以解释调音原理。我们将在第六章"调音器的数学原理"中介绍具体的推导。近代数学中，由三角函数发展起来的一个分支叫作傅里叶分析（调和分析）。它在通信和音乐方面有许多应用。比如，在现代录音技术中消除噪声和人声等。数码音乐的创作只是将正弦波音（Sine Tone）处理后得出的声音。最近发展起来的小波分析也已经被应用于音乐的研究。关于调音中的数学，请读第六章"调音器的数学原理"。

3. 对数螺线和十二平均律

值得一提的是，在中国最早（1581 年）利用数学制订出十二平均律（或称十二等程律）的是明朝音乐家朱载堉。他正确地得出了

每个音之间的关系是 $\sqrt[12]{2}$，而且算出了比例关系。甚至早在南宋时，乐律学家何乘天就创制新律，成为最早用数学解决十二平均律的人（如图 5.1）。虽然何乘天所得的十二律还不是按频率比计算的真正平均律，但实际效果已相当接近。在西方，十二平均律是由荷兰人斯特芬于 1600 年前后得到的。巴赫在推广平均律方面的贡献是众所周知的。他创作的《平均律钢琴曲集》为平均律建立了规则和典范。这是第一部实现平均律的作品，使人们能在各调上作均等的弹奏。需要说明的一点是，国内把巴赫的"The Well Tempered Clavier"译为《（十二）平均律曲集》不是很贴切，可能译为《好律曲集》更恰当。因为当时在键盘乐器上占统治地位的调律是 Well Temperament 和 Meantone Temperament，而巴赫就是把他的古钢琴调成 Well（好律），然后编了这个曲集，想说明他的调律在各个大小调上都很好（比 meantone 好）。虽然当时欧洲也出现了十二平均律，但没太大的影响，巴赫也没有采用。

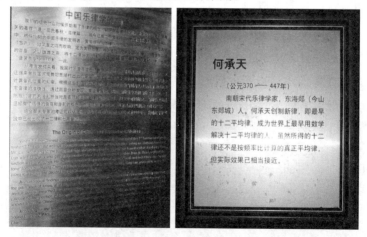

图 5.1　中国对音乐的贡献 / 作者

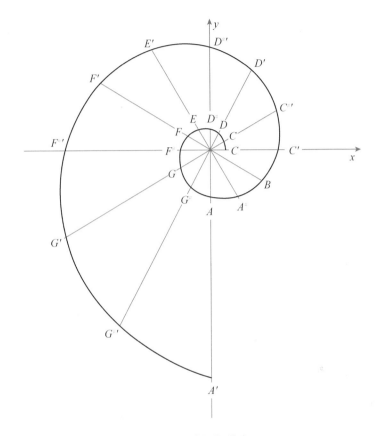

图 5.2　对数螺线 /作者

　　当巴赫试图推广十二平均律的时候却遇到了很大的阻力。幸运的是，热爱数学的巴赫能够通过向数学家求助来使人心悦诚服，比如，前文所说的他向数学家约翰·伯努利寻求帮助，约翰·伯努利随手画了一个对数螺线（如图 5.2）并在上面标了 12 个半音。那么伯努利画的是个什么样的图形呢？让我们用极坐标来表示，中心在原点的对数螺线的标准方程就是 $r = e^{a\theta}$。按照约翰·伯努利的描述，曲线的起点为在 x 轴正半轴上的 C$(1.0，0.0)$，然后依逆时针旋转一周，每隔 30° 或 $\pi/6$ 就标一个点（当然在这个方程中我们必须使用弧度）。这样一共有 12 个点：C，C♯，D，D♯，E，F，F♯，G，G♯，A，A♯，B。当曲线回到 x 轴正半轴时，我们得到下一个 C，记作 C′。假设 OC′ 是 OC 的两倍。那么 C′ 的坐标为$(2.0，0.0)$。于是我们有，

$$2 = e^{a2\pi}，$$

从而，

$$a = (\ln 2)/2\pi。$$

于是利用指数函数和对数函数的性质，我们得到 r 的极坐标方程：

$$r = e^{(\ln 2)\theta/2\pi} = e^{\ln 2(\theta/2\pi)} = 2^{(\theta/2\pi)}。$$

注意到曲线上取的 12 个点的角度分别为

$$\theta_i = \pi \cdot i/6 \ (i = 0，1，2，\cdots，11)，$$

我们又一次得到了前面的十二平均率的 12 个点：

$$r_i = 2^{(\theta_i/2\pi)} = 2^{(\pi \cdot i/(12 \cdot \pi))} = 2^{i/12} \ (i = 0，1，2，\cdots，11)。$$

对数螺线又称等角螺线。约翰·伯努利的哥哥雅各布·伯努利从 1691 年就开始了陶醉于对数螺线的研究。他发现对数螺线经过各种变换后仍然是对数螺线。这与十二平均律允许灵活转调是一致的。

4. 黄金分割和斐波那契数列

数学在音乐的应用方面还有一个显著的领域是黄金分割法。原中国科学院数学研究所所长华罗庚从 1964 年起推广优选法。他

在单因素优选问题中，用得最多的是 0.618 法，即黄金分割法[①]。黄金分割线的神奇和魔力，在数学界还没有明确定论，但它屡屡在实际中发挥我们意想不到的作用。事实上，凡是可以度量的属性都有理由运用黄金分割。音乐也不例外，而且很多。

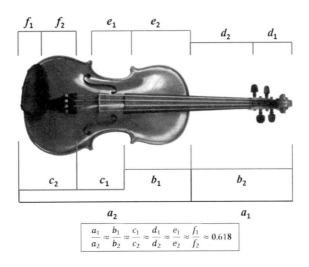

$$\frac{a_1}{a_2} \approx \frac{b_1}{b_2} \approx \frac{c_1}{c_2} \approx \frac{d_1}{d_2} \approx \frac{e_1}{e_2} \approx \frac{f_1}{f_2} \approx 0.618$$

图 5.3　小提琴结构中的黄金分割/作者

在制作小提琴时，提琴结构中的黄金分割律是使小提琴音色优美动听的一个重要因素。有人以"355 型"小提琴（即 4/4 小提琴）为例，找出了其结构中的 14 个黄金分割关系（如图 5.3）。意大利克雷莫纳弦乐器制造师斯特拉迪瓦里在制作小提琴时就围绕着黄金分割数。2011 年，一把斯特拉迪瓦里小提琴"布朗特夫人"（Lady Blunt）以 1 590 万美元拍卖。

---

①　真正的黄金分割数是一个无理数。0.618 是它的一个近似值。我们在本章里把 0.618 当作黄金分割数。

在作曲中，传统的 ABA 三部曲式结构，体现了对称均衡的形式美法则。很多作品把乐曲的高潮位置定在黄金分割点左右。美国底特律的一家录音机构（The Recording Institute of Detroit）根据黄金分割的比例建造了录音棚，据说其效果显著。在中国，有人研究发现，二胡的千金放在 0.618 的位置上发出的音最为优美。还有人严格计算了《义勇军进行曲》中的分段，发现它的转折点也是在黄金分割点附近。在音乐作品中，被后人讨论最多的是莫扎特的作品。他的《D 大调奏鸣曲》明显使用了黄金分割。第一乐章全长 160 小节，再现部位于第 99 小节，不偏不倚恰恰落在黄金分割点上（160×0.618＝98.88）。他的《C 大调第一协奏曲》《第三 G 大调》《第四 D 大调》《第五 A 大调》小提琴协奏曲和一些其他钢琴协奏曲中也同样有使用黄金分割的痕迹。尽管人们无法判断是否莫扎特有意地使用了黄金分割来改善作品，但他热爱数学是众所周知的，他甚至在许多乐稿的边缘写下数学公式。读者若有意深入研究莫扎特作品，可以参阅翁瑞林的"数学与音乐的对话"。除了莫扎特的奏鸣曲外，贝多芬、巴赫、巴尔托克、德彪西、彼得·舒伯特、萨蒂、纳尔戈尔、亨德尔、维瓦尔第的音乐里也蕴藏着黄金分割的完美和谐。虽然其中有些人不一定知道黄金分割，但是既然毕达哥拉斯可以凭某种第六感官断定 0.618 是个神奇的比值，那么为什么伟大的艺术家们不可以有类似的直觉呢？

与黄金分割紧密相关的是斐波那契数列。这个数列从 0 和 1 开始，后面的每一个数是其前面两个数的和。它的前 14 项就是

0，1，1，2，3，5，8，13，21，34，55，89，144，233。

如果把它的单项记作 a_n，那么有 $a_1＝0$，$a_2＝1$，以及 $a_n＝a_{n-1}＋a_{n-2}(n＞2)$。奇妙的是，这个数列与黄金分割也是相关联的：任何

两个相邻项的比值 a_{n-1}/a_n 近似于 0.618，而且越往后其比值越接近 0.618：

$$a_1/a_2 = 0.000\ 00,\ a_2/a_3 = 1.000\ 00,\ a_3/a_4 = 0.500\ 00,$$
$$a_4/a_5 = 0.666\ 67,\ a_5/a_6 = 0.600\ 00,\ a_6/a_7 = 0.625\ 00,$$
$$a_7/a_8 = 0.615\ 38,\ a_8/a_9 = 0.619\ 05,\ a_9/a_{10} = 0.617\ 65,$$
$$a_{10}/a_{11} = 0.618\ 18,\ \cdots$$

反过来的比值 a_n/a_{n-1} 则近似于 0.618 的倒数 $1.618\cdots$。记 $k = 0.618\cdots$，$\varphi = 1.618\cdots$，利用数学中的极限的概念，可得

$$\lim_{n\to\infty}\{a_{n-1}/a_n\} = k,\ \lim_{n\to\infty}\{a_n/a_{n-1}\} = \varphi。$$

这个数列是 13 世纪意大利数学家斐波那契为解决兔子繁殖的研究过程最先使用的。后人发现它在自然界有多方面的应用。其应用之多以致人们专门发行了《斐波那契季刊》(*Fibonacci Quarterly*)。在英国还有一个"斐波那契数列"交响乐团(The Fibonacci Sequence)。

黄金分割主要应用于连续变量的属性，而斐波那契数列则在离散的变量里常常现身。我们可以把斐波那契数列看作黄金分割离散化以后对黄金分割的一种近似。让我们先来看看钢琴的琴键（如图 5.4）。钢琴八度音之间有 5 个黑键(第 1 组 2 个，第 2 组 3 个)和 8 个白键共 13 个半音阶，这正是斐波那契数列中的第 4 至 8 项。

再来看看作曲家们是如何把这个神秘的数列与乐曲巧妙结合的。法国作曲家萨蒂喜欢斐波那契数，在他众多的曲子中正好也显现出了这一用黄金分割为结构的乐曲。例如，《来自玫瑰与十字架的第一钟声》(*Sonneries de la Rose＋Croix*，又称《玫瑰十字教之钟》)这部作品。除了无节拍号、小节线和终止符外，作者就明显地运用了"黄金分割"，将段落配置得十分巧妙。这组钢琴曲共包

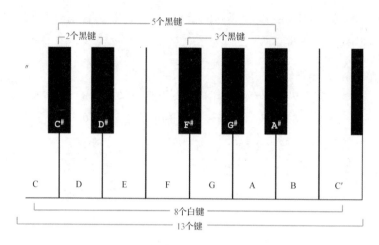

图 5.4　钢琴键中的斐波那契数列/作者

括3首，第1首为《玫瑰十字教之歌》(*Air de l'ordre*，又称《序列之歌》)，全曲的拍数为233拍，呈示部的拍数为144拍，正好落在斐波那契数列的第14和第13项上。我们猜测萨蒂之所以如此精心地策划这部作品可能是因为受玫瑰十字教的影响。玫瑰十字教是个神秘宗教组织，它主张把古老的神秘智慧传承下去。而斐波那契数列正好与古希腊的神秘数0.618密切联系。

　　另一位明显应用了斐波那契数列的作曲家是巴尔托克。他在作曲中迷恋大自然中的形式美，这正好与斐波那契数列在自然界的天衣无缝般的应用相吻合。在生活中他也是不断地扩大他的植物、昆虫和矿物的收藏。向日葵是他最喜欢的植物，而向日葵的葵瓜子排列正是斐波那契螺旋。他把这一现象应用在作曲中，而且比萨蒂应用得更加淋漓尽致。比如，他的《舞蹈组曲》(*Dance Suite*)就是按照斐波那契数列创作的：第一乐章是大二度(2)，第二乐章是小三度(3)，第三乐章则是前两乐章的和(2+3)，最后第四乐章是第二、三乐章的和（8＝3＋5）。再比如，他的《为弦乐、打击乐器及钢琴所写的音乐》（*Music for Strings，Percussion and Celesta*）里有 89 小节（斐波那契数列的第 12 项），中间又分为 55 和 34 小节的两部分，55 小节的部分又分为 34 和 21 小节的两段，作品在第 55 小节上达到高潮。这里从局部上所有的数字都落在斐波那契数列上，从整体上又符合黄金分割，真是妙不可言。从这些例子我们看到，斐波那契数列不仅可以在整体分段上运用，也可以在节奏、音高以及配器法式上实现。

斐波那契数列还有一个不太知名的变形是由法国数学家弗朗索瓦·卢卡斯定义的，故称作卢卡斯数列。这个数列的定义是：

2，1，3，4，7，11，18，29，47，76，123，199，322，521，843，…

从第 3 项以后，每一项也是由前两项的和生成的。而且，它也有类似斐波那契数列的极限（趋于黄金分割）的性质：

$4/7＝0.751\,4$，$11/18＝0.611\,1$，$76/123＝0.617\,9$，$123/199＝0.618\,1$，$199/322＝0.618\,0$，…

萨蒂的作品《烦恼》（*Vexations*）就体现了这个数列。比较卢卡斯数列和斐波那契数列，我们发现它们的区别仅在于第一和第二项，后面一般项的规则是相同的。由这两个数列得到的比值数列（即每项与前一项的比）都以黄金分割数为极限。这一现象不是偶然的。事实上，广义斐波那契数列都具有这个特性。

在今天，不仅许多人在研究曲谱时有意地寻找其中的数学形式，一些像曼格温那样的现代作曲家有意识地在他的作品中使用黄金分割和斐波那契数列。电子音乐先锋克塞纳基斯甚至在他的主要作品中应用了更现代的数学理论（随机分布、集合论、博弈论和随机漫步等），创作于 1956 年的"概率的作用"是其代表作之一。同类型的作品还包括：根据德国数学家高斯的理论创作的"ST/10"和"Atrees"、根据马尔可夫链创作的"Analogiques"、根据运动原理创作的"Duel"和"Strategie"及其第一部电声作品"Bohor"等。因此，印第安纳大学聘请他为数学音乐和自动化音乐教授。人们越来越意识到许多自然的声音有着潜在的数学逻辑，随着时间的变迁，人类可能已经变得对某些声调和形式有特殊的敏感。也许诸如斐波那契和黄金分割这样的关系可能会帮助另一个文化了解我们人类是生活在一个什么样的声音环境中。

5. 结束语

在以上的讨论中，我们不但用到了无理数、三角函数及其和差性质、解析几何中的极坐标、三角级数、等比数列、斐波那契数列、代数方程、指数和对数的性质、黄金分割，还简要地涉及了偏微分方程和傅里叶分析等现代数学。我们将在第六章"调音器的数学原理"里给出一些练习题，帮助读者发现更多的数学与音乐的联系。

Ⓠ 读到这里，可能会有读者问，那抽象数学与音乐没有关系吧？其实不然。我们在第六章"调音器的数学原理"里有一点介绍。

纵观数学走进音乐的历史，可以说毕达哥拉斯发现了它的地位，莫扎特、巴赫证明了它的地位。尽管音乐的普及不需要数学的引导，但是音乐理论的研究却大大地需要数学的帮助。如果读者在阅读本章之前还怀疑数学在音乐中的地位的话，那么现在是否应该有一个全新的认识呢？反过来，音乐也为数学家提供了灵感和实践基础，可以毫不夸张地说，数学与音乐的融合是数学与音乐发展的必由之路，是促进二者成长为根深叶茂的大树的一个重要因素。

参考文献

1. 杨健."走进琴弦的世界——谈近三千年来人类对琴弦的研究及引发的思考中"的附录"拨弦模型的建立、求解和分析",自然杂志,2004,26(3):177—183.

2. EliMaor. 巴赫与伯努利的历史性会见（A Historic Meeting between J. S. Bach and Johann Bernoulli）,E:The Story of a Number,Princeton University Press,2009.

3. 翁瑞霖.数学与音乐的对话:探讨莫扎特音乐的数学应用及其效应,台湾师范大学学报,2004,49(2):85—100.

4. 吴林.文化的贯通——音乐与数学的融合.

5. 侯德明.萨悌钢琴曲《运动与娱乐》特殊创作理念之探讨,台湾中山大学音乐系研究生论文.

6. 黄力民.音乐中的数学,三思科学电子杂志,2002(8).

7. 蔡松琦,蔡幸子.音乐与数学,钢琴宝典,广州:华南理工大学出版社,2001.

8. Music and Mathematics. http://mathforum. org/library/drmath/sets/select/dm _ music _ math. html.

9. Paul Cox. Math and Music:A Primer. http://members. cox. net/mathmistakes/music. htm.

10. Robert Orledge. Understanding Satie's 'Vexations'. http://www. af. lu. se/~fogwall/articlll. html.

11. Terry Ewell. Use of the Fibonacci Series in the Bassoon Solo in Bartok's Dance Suite,The Journal of the International Double Reed Society 17 (July 1989):4—6.

12. Phil Tulga. Sequencing with Fibonacci. http://www. philtulga. com/Pattern-Activities. html.

13. Music and the Fibonacci Series. http://goldennumber. net/music. htm.

14. John Allen. On Rabbits,Mathematics and Musical Scales. http://www. bikexprt. com/tunings/fibonaci. htm.

第六章 调音器的数学原理

音乐体系中所使用的音有很多，音乐的呈现方式也多种多样，很多情况下需要乐器的协助，而乐器就如人的咽喉一样需要精心保养，才能保证良好的演奏效果。例如，钢琴有 88 个键，即有 88 个音高的音，在钢琴的使用过程中（也有可能受气温、湿度或搬运的影响），制作钢琴的材料会发生弹性变形和塑性变形，因而，琴弦的振动频率随之改变，出现音高不准的现象，这就需要定期进行调整。

1. 调音器的数学原理

调音师们在调音时都会用到一件法宝——调音器，在调音的过程中还要用到扳手（如图 6.1）。我们在处理杂音或消除杂音时，其实已经是在享受数学的默默帮助。下面我们试图用三角函数的知识来解释调音器的原理。

图 **6.1** 手动调音器（音叉）和扳手 / 作者

复杂信号——例如音乐信号，可以看成由许许多多频率不同、大小不等的方波、三角波或正弦波复合而成。从数学的意义上说，它们不过是一些分段常数、分段线性函数和正弦、余弦函数的（无限）线性组合。

乐器的演奏是一系列空气分子运动的结果。但是，之所以乐器的声音能够与噪声区别开来是因为乐器造成的空气运动是一种有规则的运动。用数学函数表达就是 $p(t) = \alpha \sin(\beta t + \gamma)$，其中 α，β 和 γ 是一些常数。γ 关系不大，而 α 与音量大小成正比，β 与频率成正比。下面是钢琴键上的 A 调（如图 6.2）。

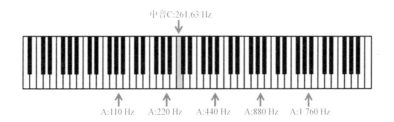

图 **6.2**　钢琴键上的 A 调 / 作者

下面是音调的频率表（如表 6.1）：

表 **6.1**　音调频率表

音调	频率	音调	频率	音调	频率	音调	频率
C	130.82	C	261.63	C	523.25	C	1 046.50
C♯	138.59	C♯	277.18	C♯	554.37	C♯	1 108.73
D	146.83	D	293.66	D	587.33	D	1 174.66
D♯	155.56	D♯	311.13	D♯	622.25	D♯	1 244.51
E	164.81	E	329.63	E	659.26	E	1 318.51
F	174.61	F	349.23	F	698.46	F	1 396.91

续表

音调	频率	音调	频率	音调	频率	音调	频率
F#	185.00	F#	369.99	F#	739.99	F#	1 479.98
G	196.00	G	392.00	G	783.99	G	1 567.98
G#	207.65	G#	415.30	G#	830.61	G#	1 661.22
A	220.00	A	440.00	A	880	A	1 760.00
A#	233.08	A#	466.16	A#	932.33	A#	1 864.66
B	246.94	B	493.88	B	987.77	B	1 975.53

这些频率可以通过公式 频率 $= 440 \times 2^{n/12}$（$n = -21$，-19，…，27）取近似得到。

现在我们假定要调中央 C 上方的 A 音符。在调音器上，这个音的频率是 440 Hz，即每秒 440 次振动，通常记作 A440。当我们按下这个琴键时，钢琴产生出正弦波函数 $\sin(2\pi \cdot 440t) = \sin 880\pi t$（如图 6.3）。这个函数的图像在 1 s 内有 440 个周期。

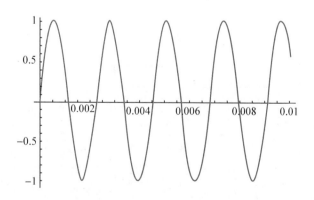

图 **6.3** 中音 A 的正弦波函数 $\sin 880\pi t$ /作者

如果我们改变在 1 s 中周期的次数，我们就得到了不同的音调。读者可以根据上面的讨论得到其他音调（题如 C♯ 和 E）的正弦波函数及其图像。同时在钢琴上同时按下 A，C♯ 和 E 键的话，那么合成的音响所对应的函数图像就是（如图 6.4）题：

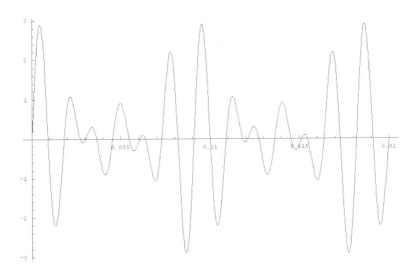

图 **6.4** 三和弦 A-C♯-E 的复合正弦波函数/作者

顺便指出，是丹尼尔·伯努利把琴弦的振动与正弦函数的复合联系起来的。

如果我们只是横向平移函数 $\sin 880\pi t$，那么我们得到的仍然是 A 调，比如下面是正弦波函数 $\sin 880\pi(t-1/200)$ 的图像（如图 6.5）：

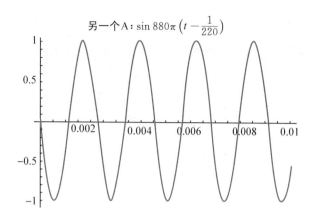

图 **6.5**   平移后的中音 A 的正弦波函数 $\sin 880\pi\left(t-\dfrac{1}{220}\right)$ /作者

读者可以想一想，题这两个正弦波函数的合成是什么效果呢？

现在回到我们的主题。我们需要做的是让乐器上的 A 与调音器的 A 一致。下面来看看数学是如何帮助我们调音的：

在我们使自己的乐器发出声音的同时，使调音器也发出声音。乐器造成的空气压力的变化用

$$p(t)=\alpha \sin(\beta t+\gamma)$$

来表示，同时调音器在这个变化上又加上了一个类似的

$$p_1(t)=\alpha_1 \sin(\beta_1 t+\gamma_1)。$$

我们知道 β_1 的精确值为 440。α_1 的值则取决于我们扳动调音器的用力。于是，两个声音对耳膜上的空气的压力复合成更为复杂的函数：

$$f(t)=\alpha \sin(\beta t+\gamma)+\alpha_1 \sin(\beta_1 t+\gamma_1)。$$

从数学的角度上看，我们知道三角函数有如下的和差化积

公式

$$\sin x + \sin y = 2\sin((x+y)/2)\cos((x-y)/2)。$$

我们注意到，当 α 和 α_1 相等时，上式可以用在函数 $f(t)$ 上。

如果我们恰当用力扳动调音器使其发出的音量与乐器的音量正好相等，那么 α 等于 α_1。应用上边的三角公式，压力函数

$$f(t) = \alpha(\sin(\beta t + \gamma) + \sin(\beta_1 t + \gamma_1))$$

$$= \alpha(2\sin((\beta t + \gamma + \beta_1 t + \gamma_1)/2)\cos((\beta t + \gamma - \beta_1 t - \gamma_1)/2))。$$

记 $\beta_2 = (\beta - \beta_1)/2$，$\gamma_2 = (\gamma - \gamma_1)/2$，$\beta_3 = (\beta + \beta_1)/2$，$\gamma_3 = (\gamma + \gamma_1)/2$，则上述函数可简化为

$$f(t) = 2\alpha\cos(\beta_2 t + \gamma_2)\sin(\beta_3 t + \gamma_3)。$$

我们再大胆地记 $\alpha_3 = 2\alpha\cos(\beta_2 t + \gamma_2)$，则

$$f(t) = \alpha_3\sin(\beta_3 t + \gamma_3)。$$

也就是说，上面两个音响合成为一个频率为 β_3 的音响。注意，频率 β_3 恰好是频率 β 和频率 β_1 的平均值。如果乐器的频率 β 比调音器的高的话，它们的整体效果就会显得比调音器的声音尖一些，其尖锐程度为所需调整的一半。当然这里 α_3 并不是常数。我们之所以把它看作常数是因为在调音时通常有 β 近似地等于 β_1，也就是说 β_2 近似于零。而当 β_2 为零时，α_3 的确为一个常数。假如乐器的频率和调音器的频率不同，我们会发现有什么现象呢？这时 α_3 不是常数，而是时间的变量，所以声音的大小就随时间变化而变化。通常情况下，β 和 β_1 是很接近的，因此 α_3 的变化很缓慢，有经验的调琴师很容易听出来。调音师就是根据这个原理工作的。

在钢琴的调音过程中，中央 C 上方的 A 音符的调整只是众多步骤中的一个（如图 6.6）。还需要通过纯四度、纯五度等关系将中央 C 所在的小字一组进行十二平均律的调整，在此基础上对高音

区和低音区进行调整，调整的手段略有不同，基本的数学原理都相差不多。

图 **6.6** 弹中央 C 上方的 A 和十二平均律 /作者

当然，现实生活中，调音师通常用专业的工具，先检查钢琴有无问题（如图 6.7），若有问题，先把问题消除，然后把钢琴的螺丝拧紧后，才进入上述调音过程。调音师将调音器在自己的膝盖上轻轻一磕，调音器就振动发出了声音，调音师同时弹下中央 C 上方的 A 音符，钢琴也同时发出了声音。倾听两种声音合成的混合音，调音师就能判断钢琴的声音是否有偏差，音高了就松琴弦，音低了就紧琴弦。因为音乐充满灵性，所以调音器远不如经过严格训练的调音师，但是比经验不足的调音师要强得多。当然，人们并不是必须要懂得调音器的数学原理，但是如果知道不是很好吗？如果能从本章中学到一点建模和分析的方法就更好了。

图 **6.7** 紧固螺丝和修理琴槌 /作者

2. 费曼与调音器

最后，我们再讲一点与三角函数有关（但与调音器无关）的题外话。理查德·费曼是美国物理学家，1965 年诺贝尔物理奖得主。他对童年的一段往事牢记一生，他记得当时在一个

图 **6.8** 美国发行的费曼邮票/美国邮政局

同学父亲的小店里，这个同学告诉他，cos 20°cos 40°cos 80°正好等于八分之一。这让他非常惊讶。其实这背后的奥妙是下面一般公式的一个特例：

$$2^k \prod_{j=0}^{k-1} \cos 2^j \alpha = \frac{\sin 2^k \alpha}{\sin \alpha}。$$

读者可以⚫用归纳法证明它。费曼特别热爱数学。据说，他的第二任妻子提出离婚的理由是：他一醒来就想微积分问题，开车时想的是微积分，坐在客厅里想的是微积分，夜里睡觉想的还是微积分。这位太太大概是根本不喜欢数学，否则费曼无论如何都可以跟她有话可说的。费曼曾经有过一位固定的调音师麦克奎格先生，这位调音师恰巧是一位数学爱好者，但他们就有共同语言，不会调音的费曼能兴致勃勃地跟他谈调音中的数学问题。1961 年7 月 3 日，他给这位调音师写了一封"很数学"的信讨论调音的数学问题。这封信是这样开头的：

　　亲爱的麦克奎格先生，

　　我想通了钢丝刚度对琴弦振动频率的影响。它的数学公式是

$$真实频率 = f\left(1 + \frac{\pi}{2}\frac{EA^2\mu}{\tau^2}f^2\right),$$

其中 f 是频率……

Q 本章讨论的是在同一个八度里确定音调。那么出了这个八度区的调音是怎样做的呢？这正是费曼感兴趣的地方。

Q 可能有读者会说，现在都有了电子调音器材了，为什么还要找调音师？其实，所有的钢琴老师都会告诉你，优秀的调音师调出来的就是不一样。这里面的原因很复杂。首先，音色的好坏有一个主观的标准，很难用数学模型来描述这种主观的感觉的；其次，音色在音箱里和传到听者耳朵里时的效果也是不同的，而电子调音器一般是被连在音箱里，而人对钢琴声音的好坏的判断则是根据耳膜的震动；最后，不同的钢琴在设计制造上也有很大的不同，就连不同材料的琴锤也会产生不同的效果。这都是电子调音器材难以对应的。

费曼在他给调音师的信中还说，他会继续研究调音问题，或者指定一个学生去做这件事。我们不知道费曼是否做了这件事，但我们确信如果他选择调音师为职业的话，他会是一位出色的调音师，因为他是一个懂得用数学和物理理论来指导实践的人。真是这样的话，我们今天的调音可能是一个完全不同的领域了。

说到底，音色的好坏还决定于听众的反应。而这里面还要考虑视觉的感受和大厅环境的影响。这些都不是本章所能考虑的事情了。

3. 练习题

我们通过 3 章介绍了数学与音乐的联系。读了另外两章的读者已经知道了许多音乐对科学研究有所帮助的故事。现在，这种感觉上的认识已经开始升华到理论阶段。据奇客（Solidot）消息，2009 年，在《Journal of Neuroscience》上有一篇报告说："学习音乐后这些学生的大脑控制精细运动功能和听力的区域增大了，这些学生在这两个领域的能力也增强了。而且连接左脑和右脑的胼胝体也增大了"。2014 年，《华尔街日报》也发文指出，"学音乐可以提高学习成绩"。下面我们再来通过几道简单的数学习题来看看数学和音乐的关系。

题 上面正文中提到了三角函数的和差化积公式，读者也可以试着导出

$$\cos(k+1)x + \cos(k-1)x = 2\cos x \cdot \cos kx$$

和

$$\sin(2k+1)x - \sin(2k-1)x = 2\sin x \cdot \cos 2kx。$$

用这两个公式，读者可以证明，对于任意的正整数 m 和 n，存在 n 次多项式 T_n 和 m 次多项式 F_m，使得

$$\cos nx = T_n(\cos x)$$

和

$$\sin(2m+1)x = \sin x \cdot F_m(\sin^2 x)。$$

题 人耳不能听到高于 20 000 Hz 以上的频率。根据前面给出的频率表，请问人耳不能听到的第一个高音 C 是什么？

题 作曲也要用到数学。在第五章"数学与音乐"里，我们了解了和谐音的数学原理。利用表 6.1，我们可以得知哪些音调在一起发音会比较和谐。有条件接触钢琴的读者不妨试着同时按下一个 A 和一个高八度的 A，再同时按下一个 A 键和它临近的 A♯，听一听效果，并利用表 6.1 来理解其中的原因。

题 一首好听的乐曲里经常会有一个主旋律用不同的音调、不同的速度和反向旋律。在数学上就是平移、伸缩和反射运算。多种乐器合在一起，就相当于说这些运算必须满足和谐的条件。圣菲研究所很好地演示了这个关系。如果读者可以看到 YouTube 的视频的话，建议找一找"Music＋Math：Symmetry"这个视频，体会一下音乐中的数学。

题 如果我们想创作一首极其不好听的乐曲，那么我们所要做的就是打破上述那些和谐的规律，或者说，创作出一种完全无规律可言的曲子。数学家做到了这一点，而且是利用钢琴上的 88 个键以及数字 89 是一个素数这样的事实。新世界交响乐团室内音乐主任琳维利在一个 TEDx 演讲中演奏了这首曲子。建议读者找一下这个视频（比如优酷网站上），标题是"The world's ugliest music：Scott Rickard at TEDxMIA"。

题 音乐是通过不同的音调在不同时间长度的变化而创作出来的。图 6.9 是部分音符和休止符在五线谱中的表示法。在 4/4 拍音乐里，一个四分音符是一拍，一个二分音符是两拍，以此类推。写出图 6.9 中拍数序列。

全音符/   二分音符/   四分音符/   八分音符/   十六分音符/   三十二分音符/
全休止符   二分休止符   四分休止符   八分休止符   十六分休止符   三十二分休止符

图 6.9   音符和休止符 /作者

题 若一个压力信号 $\sin(200\pi t + 2\pi/3)$ 可以写成 $A\sin 200\pi t +$

$B\cos 200\pi t$，求常数 A 和 B。

题 三角钢琴的高音弦都是平行的。从上向下看，低音弦横贯高音弦（如图 6.10）。假定我们已经测量了其中几个角度，并有关于 x 和 y 的两个关系式，求 x 和 y 的值。

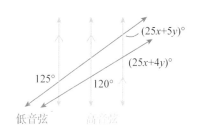

图 **6.10** 三角钢琴上的数学/作者　　图 **6.11** 大号演奏/维基百科

题 一个大号手演奏 E 调并保持这个音一段时间（如图 6.11）。对于纯 E 调，压力在标准大气中的变化满足：

$$V(t) = 0.2\sin 80\pi t,$$

其中 V 的单位是磅/平方英寸[①]（psi），t 的单位是秒。请找出这个函数的振幅、周期和频率，并画出函数图形。如果大号手提高音量，函数 V 将如何变化？如果大号手演奏得不对，音色过平，函数 V 将如何变化？

题 吉他上的每个音衍都垂直于某一条琴弦，每个音衍代表一个按照十二平均律，在一个八度中划分出的半音（如图 6.12）。解释为什么音衍必然是互相平行的。从根音开始，第 n 个音衍的位置是琴弦长度乘以 $2^{-n/12}$。假定琴弦的长度是 64 cm，那么 E 弦上把音衍放在什么位置上能产生 G 调？

---

① 英制单位。1 磅≈0.453 6 kg。1 英寸≈2.540 cm。

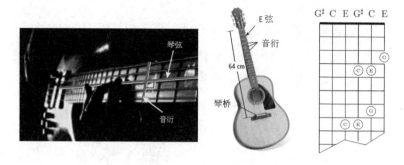

图 **6.12**　吉他上的音衍 /作者

⚫题音乐里的三和弦是指 3 个音调同时奏出的音，比如，在钢琴上同时按下 A-C♯-E 三个键（如图 6.13）。请问这

图 **6.13**　A-C♯-E 三个键 /作者

个合成的音所产生的震动是一个什么函数呢？我们知道这 3 个音调所对应的震动可以由下述 3 个正弦函数表示：

$$\sin(440 \cdot 2\pi t),$$
$$\sin(440 \cdot 2^{4/12} \cdot 2\pi t),$$
$$\sin(440 \cdot 2^{7/12} \cdot 2\pi t)。$$

作出这 3 个函数在闭区间 $[0，0.05]$ 上的函数图形及它们所合成的函数的图形。尽管这个复合的震动到达人的耳膜时已是叠加的，但有些人仍然可以识别出三和弦中每一个音调。从数学上讲，这是因为每个音调的频率不同。

Ⓠ在第五章"数学与音乐"里我们已经看到，"十二平均律"把八度音阶分成了 12 个音调。事实上，我们得到的是 12 个音调类，因为每 12 个音调就重复一次。我们可以用音乐钟来表示（如图 6.14）：

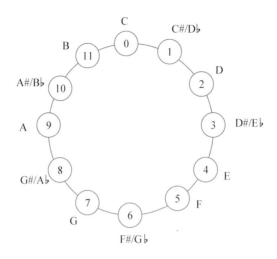

图 **6.14**　音乐钟 / 作者

这里，我们把 C 调作为 0，每半音上升一个自然数，我们可以看到，这 12 个音调类等价于模 12 同余整数。

当考虑二和弦时，情况变得复杂一些。让我们先来用二维平面来表示音阶，其中每个轴代表二和弦中的一个音（如图 6.15）。这张图可以清楚地表达二和弦的移动。但有一个缺陷，那就是它不能表达二和弦相同的情形。比如（E，C）和（C，E）是同一个二和弦，但在图中是两个点。解决的办法就是粘贴，其结果就是莫比乌斯带。我们在第十一章"把莫比乌斯带融入生活中"中谈到这种粘贴问题。详细解答可以参阅文献 6。

一个大调三和弦是由一个根音符、一个比根音符高 4 个半音的第 2 个音符和一个比根音符高 7 个半音的第 3 个音符组成。一个小调三和弦是由一个根音符、一个比根音符高 3 个半音的第 2 个音符和一个比根音符高 7 个半音的第 3 个音符组成。⬚现在请在音

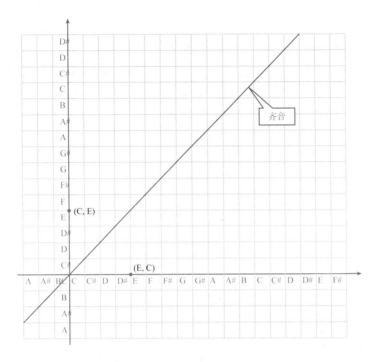

图 6.15　音乐面/作者

乐钟上找出 C-大调三和弦和 f-小调三和弦多边形。更有意思的习题要涉及群作用（group action）的概念。在这里，我们只能做一个最基本的介绍。

　　音乐的旋律是由一系列音调组成的，或者说通过音调的变换能够产生出不同的音乐。起源于具体的置换群的群论在音乐理论中也有着重要的作用。研究发现，自 20 世纪 70 年代起，音乐理论家们就开始用 24 阶二面体群的一种群作用的模型来描述音乐的变化，近来又发现了一个 24 阶二面体群在大调和小调三和弦集合上的另一种群作用的奥妙。它们已经广泛地用来分析欣德米特和披头士等音乐家及组合乐队的作品。如果大家感兴趣，可以参阅美国数学协会的"Musical Actions of Dihedral Groups"(音乐中的二面体群作用)一文。这篇论文的中文翻译"音乐中的二面体群作用"发表在《数学与人文》之"数学的艺术"卷里。

参考文献

1. D. Murray Campbell. Evaluating musical instruments，Physics Today，2014. 4.

2. A. Galembo. Perception and Control of Piano Tone：Part 3-Psychological Factors，Piano Technicians Journal，55，14 (2012).

3. J. C. Bryner. Stiff-string theory：Richard Feynman on piano tuning，Physics Today，December 2009，46.

4. What are the frequencies of music notes? http：//www. intmath. com/trigonometric-graphs/music. php.

5. L. Polansky，D. Rockmore，M. K. Johnson，D. Repetto　and　W. Pan. A mathematical model for optimal tuning systems，Perspectives of New Music，Winter 2009.

6. George Hart. Mathematical Impressions：Making Music with a Möbius Strip. https：//www. simonsfoundation. org.

第七章　漫画和数学漫画

漫画是一种艺术形式，它的特色就在一个"漫"字上。这里的"漫"字与我们常用的漫笔、漫谈中的"漫"字意思相近，表达一种自然和随意。漫笔、漫谈在文学中一般是指随笔和小品文，漫画则是绘画中的随笔和小品文。

漫画的悠然、随意，使它有时能够四两拨千斤[①]，看似简单的描画就能揭露事物的本质，说明深刻的道理。漫画借助它惯用的夸张、变形、比喻、象征、暗示和影射等手法，建构出一个或一系列幽默风趣的画面，想表达的内涵就都跃然纸上了，或讽刺，或批评，或歌颂，或抒情，流溢出作者对世事人情的感悟，兼具社会性、娱乐性和教育性。如果我们能够在现实生活中恰当地运用它，那么就是我们所期待的寓教于乐了。

漫画的种类很多，如果按照题材来划分，可以划分为科幻漫画、奇幻漫画、灾难漫画、肖像漫画、运动漫画、博弈漫画、推理漫画、历史漫画等，当然我们今天所要着墨的数学漫画亦在此列。一般人通常认为数学艰深，就像是一个威严的绅士，它整洁、高高在上，似乎总与人群保持着一定的距离。数学漫画在某种程度上是在为解除这种误会倾囊献计，教育工作者可以借此来激发学生的兴趣，大众也可以此为启发和快乐。

---

① 旧制。1 斤＝10 两＝500 g。

1. 邂逅数学漫画

生活就是这样奇妙，在某一个时间的节点，一次无意的邂逅就可能改变我们自己的喜好。还清晰地记得 20 多年前，在俄国《圣彼得堡时报》上，我平生第一次为一幅漫画所吸引，并且深深地喜欢上了漫画，亦开始收集与数学有关的各类漫画。可能有读者会问了，什么样的漫画有如此吸睛的功效呢？

这幅漫画（如图 7.1），背景是圣彼得堡的街头，人物是一个数学女教师和一群街头艺人。街头艺人并不鲜见，但是街头女数学教师似乎还是一个新鲜的景色，是现实生活中很难出现的一种场景。如果拿到现在来说，这也是时下流行的混搭了。但那个时候，苏联刚

图 **7.1** 卖艺《圣彼得堡时报》

刚解体，俄国经济出现滑坡，普通人民的生活出现了严重困难，女教师在街头靠讲授数学为生不足为怪。这幅画生动地反映了俄国当时的社会现实。

2. 爱上校园数学漫画

笔者当时身处大学做研究生，反映大学生活的校园漫画自然成了收集的首选。下面我们选取一二介绍给大家。

有一幅是发表在加州州立大学校报上的反映学校球赛的作品，用到了抛物线的概念（如图 7.2）。画面上教练气急败坏地嚷道：

"OK，那里是一个抛物线。下半场给我夺回来！"这里的抛物线用得非常巧妙，很容易让人想到篮球，但从队员们穿的球衣来看又显然是美式橄榄球。很自然地就告诉读者这是一个泛指。队员们对那上面的抛物线方程也已经再熟悉不过了，因为美国大学的体育生在学业上不受任何照顾。他们必须跟随其他同学一起上课，万一考试不及格，就不能代表学校出去比赛。教练会给任课老师写信，要求提供他的队员的学习成绩。但教练们绝对不敢明目张胆地要求老师手下留情。

图 7.2   给我拿下后半场/加州州立大学校报

还有一幅是反映大学校园里停车难的困境（如图 7.3）。很多美国大学生都是开车去上课。想象一下在停车场里找不到车位的窘相吧，眼看老师要发考卷了，而自己却还在停车场里转圈，而且马路边也不让停车！这幅漫画的巧妙之处是作者把马路画成了一个莫比乌斯带，虽然路旁写的是马路的一边不能停车，但实际上两边都不行，因为莫比乌斯带只有一个边。看了让人拍案叫绝。

再介绍一幅美国课本中的漫画（如图 7.4）。美国课本喜欢加入漫画，这幅漫画就是一本初等微积分课本里的插图。

　　它讲的是一个真实的故事，英国有一位记忆力极强的心算高手彼得尔，10 岁时，有人把一个数倒着念给他，他不但立即就能把这个数念出来，而且 1 h 之后，还记得这个数是：2 563，721，987，653，451，598，746，231，905，607，541，128，975，231。相信大家也会为之一惊吧！所以，我们真的要承认，个别人确实有某种

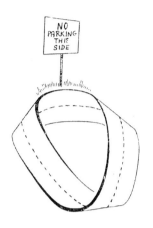

— James R. Martino
Inspired by the difficulties
of parking in time for class.

图 7.3　此边不得停车/马蒂诺

"特异功能"，我们不要一看到有人速算惊人就想当然地认为人家是造假。世界无奇不有，也许确实有一些奇才呢。这幅漫画表达了对彼得尔的赞扬。彼得尔后来当了一名土木工程师。

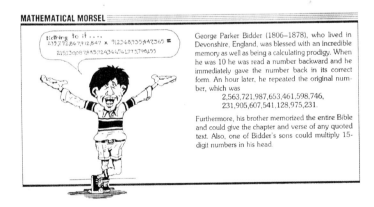

图 7.4　心算高手彼得尔/美国课本

3. 沉醉于大师们的数学漫画

美国是一个漫画大国。各地的报纸上每天都会穿插着不同题材的漫画。一位朋友的女儿从小爱画画，她的作品在高中时被《华盛顿邮报》看中，每星期给她出一个专栏。这后来成了她顺利进入常青藤学校的资本。据说，如果不是只出单幅作品，能够连续出一系列的漫画，就可以称为漫画家了。从这个意义上讲，朋友的女儿就是一个漫画家了。事实上，美国很多著名漫画家都是靠报纸专栏慢慢成名的。下面我们介绍一些他们的作品。由于版权原因，没有提供很多的图片，但尽可能提供作品的名字，读者应该能在网上找到。

"甜美家庭"（The Family Circus，http：//familycircus.com/）是一个漫画专栏，在各大报纸联合连续刊登已经超过了 30 年。如果直译的话，应该是"家庭马戏"，但从内涵上看，"甜美家庭"更为贴切。作者比尔·凯恩有 5 个孩子，一家子其乐融融。但是养育 5 个孩子并不是一件容易的事情，简单地说就是状况不断。很多人就会问："你们是如何把爱分给 5 个孩子的呢?"比尔·凯恩就用漫画来回答这样的问题。家里所观察到的事物就是他漫画中比利、黛丽、杰费或 PJ 的素材。现在，这个专栏已经由老凯恩最小的一个儿子杰夫·凯恩接班了。"甜美家庭"有一幅特别温馨的作品"婚姻数学"（Marriage Math）："1＋1＝2""2＋4＝6""6－4＝2"。还有一幅显示了儿童的天真："你知道吗，我可以数到最大的那个数了。"

图 7.5　凯文的幻虎世界 / Calvin and Hobbes[1]

　　沃特森创作的"凯文的幻虎世界"（Calvin and Hobbes，http：//www. gocomics. com/calvinandhobbes/）是一个美国连载漫画系列，也称为"卡尔文和霍布斯"或"凯文和跳跳虎"（如图 7.5）。它讲述了凯文和他信赖的老虎霍布斯充满想象力的冒险，凯文和霍布斯总会为你带来惊讶和喜悦。在这个系列中，凯文经常扮演一个数学上的白痴，而且毫不掩饰，他声称："作为一个数学无神论者，应该允许我免修数学。"而跳跳虎则是一副自命不凡的模样，他总是以一个好友的姿态来帮助凯文渡过难关，但其实他也只是半斤八两。两人演绎了一出接一出的好戏。

　　萨维斯创作的"弗兰克与欧尼斯特"（Frank & Ernest，http：//www. frankandernest.com/）是人们非常喜欢的系列。萨维斯从小就希望成为一名漫画家，但是他并没有接受过任何专业训练。他所能做的仅仅是临摹别人的漫画。在大学里，他学习的是心理学，获得了学士学位和硕士学位，并在毕业后成为一名心理学家。但是他仍然没有放弃他的梦想，最终把梦想付诸实践，为我们创造出了这个系列。与比尔·凯恩有些类似的是，老萨维斯在他去世

---

　　①　由 Universal Uclick 授权使用许可。

前已经把这个漫画系列传给了他的儿子汤姆。这使得我们可以继续欣赏这个给人带来乐趣的漫画系列。这个系列中最数学的一幅是"请拿号排队"。拿的号是什么呢？$\sqrt{-1}$。要是谁真拿到这个号码就有意思了。

拉尔森创作的新闻漫画"The Far Side"（http：// www. thefarside. com/）很不好翻译，有人把它译成"月球背面"。其实这并不是拉尔森的本意。不过，拉尔森的作品常常是超现实的，所以这样的翻译也算贴切。有网友建议译作"另一面""那一面"或"那一侧"，大家看怎么样？拉尔森一开始是在 20 世纪 70 年代创作了一个"自然之路"（Nature's Way）漫画系列。取得成功之后，他把栏目改为了后来的"The Far Side"。"The Far Side"系列始于 1980 年 1 月 1 日，直到 1995 年 1 月 1 日结束。它往往是基于对社会的某种不满、某种不可能的事件、某种观点、某种逻辑谬误或某种离奇的灾害。这个系列中更多的是物理学方面的漫画，不过物理和数学算是亲兄弟。我们从这些漫画中多少能看出数学的幽默。这里举一个例子：有一幅画上两位教授正在讨论一个数学公式，其中一位的辩解颇有负负得正的意思："看，把错误平方再 4 倍除以这个公式就是正确的了"。

哈里斯的"科学卡通"（Science Cartoons Plus，http：// www. sciencecartoonsplus. com/）大体上都是科学方面的漫画（如图 7.6），他的漫画曾经出现在《科学美国人》和许多科幻小说杂志中。他还专门收集了数学类漫画。美国著名化学家诺贝尔和平奖获得者鲍林对他的评价是："根据我的幽默标准，不管是什么，可以说哈里斯有 99％是成功的。"有这样一幅漫画，一位满脸胡须的教授正挥拳砸向另一个戴眼镜、系领带的人，他的嘴里说道："你要证明？我给你！"在现实的学术界，恐怕我们也不能排除类似的行为吧。

"You want proof? I'll give you proof!"

October 1991   Math Horizons   3

图 **7.6**　哈里斯的"科学卡通"/Science Cartoons Plus[①]

　　哈里斯的这幅"你要证明"很受欢迎。2013 年图灵奖获得者兰波特作了一次演讲："如何写出 21 世纪的证明"（How to Write a 21st Century Proof）。他在演讲时穿的 T 恤衫上就有这幅漫画。兰波特对如何写数学证明有自己的一套方法，但在数学界有很大争论。

　　格拉斯伯根从 15 岁就开始为美国主要报社提供漫画，他的作品被广泛采用，迄今有 25 000 多幅被选用。格拉斯伯根可能是以数学为主体画漫画最多的一位画家了，且有一个"数学专题"漫画。由于他的数学漫画大多比较浅显易懂，所以受到中小学老师的喜爱。很多数学课本里都能见到。他的网址是：http://www.glas-

---

　　①　由 Science Cartoons Plus.com 授权使用许可。

bergen. com/。

约翰·哈特创作了一个"B. C."漫画系列。作品特点是把一些史前动物拟人化，把现代人回归山顶洞，再呈现到我们的眼前。这个系列于 1958 年 2 月 17 日出现在报纸上，一直持续到现在。它的原作者约翰·哈特一生孜孜不倦，最后死在创作板上。他过世后，他的系列由他的亲友继承了下来。他的网址是：http：//johnhartstudios. com/。

"花生漫画"（Peanuts，http：//www. peanuts. com/）是一部主角为史努比小狗的美国漫画，作者是舒兹。不过我们今天不会看到史努比小狗。这种条形状的漫画在美国很流行。不过可能需要一定的英语知识和对美国文化的了解。这个系列中涉及数学也比较初等。

帕瑞西是"没谱"（Off the Mark，http：//www. offthemark. com/）漫画专栏的创始人，自 1987 年诞生以来，这个系列已经出现在 100 多家报纸上。帕瑞西从小就喜欢画画。有一次看到舒兹的作品"花生漫画"后，立即产生了创作的欲望。在大学里，他数次转换专业，直到选了艺术专业后才安定下来。

4. 网络漫画异军突起

全玄鸿的漫画是要费点脑子的漫画。"全玄鸿"这个名字听起来像韩国人，但其实他是一位中国人。他也有韩文的作品，至少他会中文，而且他有自己的（科学松鼠会和人人网）中文网页。这个名字容易让人想起"高大泉"——作家浩然笔下《金光大道》里的一个形象。"全玄鸿"三个字也应该是类似的思路。全玄鸿的漫画作品以数学物理科学为主，所以我们可以理解他的笔名取自基础科学的完整、深刻和博大之意。与其他数学漫画不同的是，他的有些漫画需要一些数学知识和逻辑思维，但当你看懂之后就会产生共鸣。他的网站名是"Abstruse Goose"（http：//abstruse-goose.com/）。笔者在科学网有一篇专门的介绍：

　　http：//blog.sciencenet.cn/blog-420554-735878.html。

　　"尖刺数学"（Spiked Math，http：//spikedmath.com/）是一个以数学为主题的漫画专栏（如图 7.7），它的作者麦克是一位 2012 年的加拿大数学博士。因为是纯数学主题，而且已经发表了 500 多幅漫画，这对喜爱数学题材漫画的读者不可谓不是个好消息。

现实中的数学家：

哎，这像是我做过的另一道题。显然有一定的规律，归纳法也许能用上。

公众印象中的数学家：

启动雨人的力量！

图 7.7　"尖刺数学"漫画 / Spiked Math

　　除了全玄鸿的数学漫画和"尖刺数学"之外，另一个值得一提的数学漫画是 xkcd（http：//xkcd.com/）。我们在第八章"xkcd 的数学漫画"中专门介绍他的作品。

　　有的时候你不需要非得会画画才能得到读者的赏识。奥林创作的"笨笨数学漫画"(math with bad drawings，http://mathwith-baddrawings.com/)就是证明(如图 7.8)。奥林早年毕业于耶鲁大学，学的是数学和心理学专业。现在是加州奥克兰市的一位高中数学教师。有评论说，奥林有教书的本能、对学生的洞察力、魄力和灵活的风格。要说他画的水平真是不敢恭维，但他的思想还挺到位的。相信他在课堂上一定很受欢迎。不过他也挺严厉的，有一次他抓住了一个把写满公式的纸带入期末考试的学生，他大笔一挥给了个零分。他的漫画作品都主要出现在他的网站：http://mathwithbaddrawings.com 上。在"数学方言"(The Mathe-matical Dialect)这幅漫画里，他给读者出了几道多项选择题，然后根据回答能判断读者是工程师还是数学家，非常准确。比如有一道题问：你把解决问题的一个缓慢的、痛苦的、强度计算的方法叫作什么？如果你回答是"工程师"，那么你就是数学家；如果你回答"数学家"，那你就是工程师。

图 **7.8**　奥林的"笨笨数学漫画"/ Math with Bad Drawings

　　有了奥林做榜样，任何人都可以开一个漫画专栏了，只要有思想！

呆伯特(Dilbert，http：//www.dilbert.com/)是漫画中的一个著名角色。创作者是美国漫画家斯科特·阿当斯。除了呆伯特这个形象外，他在讽刺文学、评论文学和商业等许多领域内也颇有建树。在20世纪90年代经济紧缩时期，呆伯特系列成了这个时代最具美国特色的作品，随后在世界范围内也产生了极大影响。凭借呆伯特带来的成功，阿当斯在1995年从一个职业工薪阶层成功转职成了一位职业漫画家。呆伯特系列一般是用讽刺性的笔调描写了都市小白领在大企业里工作时遇到的各类事情。在美国教授的办公室门外经常可以看到呆伯特的形象。据说呆伯特有一个著名的"工资定理"(Salary Theorem)："科学家和工程师赚钱永远比不上企业经理人和销售人员"。现在我们假定一个大家都能接受的公理系统：

• 知识就是力量

• 时间就是金钱

然后我们用数学方法来证明呆伯特的这个定理。

因为：(投入的)力量×时间＝(完成的)工作，所以：力量＝工作／时间。
又因为：知识＝工作/时间，所以：知识＝力量
我们还有：时间＝金钱，从而：知识＝工作／金钱，
于是：知识×金钱＝工作，即：金钱＝工作／知识，
由上面的等式得出：知识越少，金钱就越多；知识趋近于无限小，金钱就会趋近于无限大，不管你做的工作量多少。

看过之后，各位的感想是什么？有许多老师讨论过教授的工资。现在知道这个定理后，就没有什么值得抱怨的了。也许你会觉得这只是一个玩笑而已。不过，它多少反映了一些实际情况。

如果这个"定理"不幸成了真理，那这个世界就太可悲了。

PhD 漫画（PhD Comics，http://phdcomics.com/）不能算是数学漫画，而是博士漫画（如图 7.9）。它的作者是巴拿马华裔豪尔赫·陈。他在佐治亚理工学院取得了学士学位，而在斯坦福大学获得了机械工程学博士学位。在斯坦福大学就读研究生期间，他开始了 PhD 漫画的创作。虽然他的漫画不能算作是数学漫画，但是他用到了很多的图标、曲线、公式等数学工具，从他的漫画中应该可以领悟一些科研的道理。

做科研：90%的努力和10%的成果　做科研报告：90%的结果和10%的步骤

图 7.9　豪尔赫·陈的 PhD 漫画 / PhD Comics

在美国的漫画中，最为突出的就是漫画连环画（comic strip）了。它们有些已经具有了一定的文学价值，最为突出的一个例子就是上面介绍过的"凯文的幻虎世界"。人们从它看到了儿童对许多复杂事物的观察视角与成人是不同的。在数学教材中穿插数学漫画又反过来成了一种强有力的教育辅助工具。有人甚至写了漫画版的初级代数电子书（例如"I H8 Math Pre Algrbra"）。可惜的是，这个现象似乎在数学界和数学教育界并没有引起足够的重视。

作为漫画大国的美国，人们对漫画采取了很宽容的态度。不会因为有人丑化了总统而受到打压。甚至可以说，越尖锐的讽刺漫画就越有市场。在这种生活环境下，人人都可能成为漫画家，连中小学生都敢出自己的漫画集。

5. 期待中国数学漫画

据说漫画这个词最早出现在北宋。北宋画家晁以道在《景迂生集》中说："黄河多淘河之属，有曰漫画者，常以嘴画水求鱼。"这里说的漫画为一种水鸟的名字，因为它善于捕鱼，在捕鱼时潇洒自如，像是在水上作画，故而得名。

南宋的洪迈，他《在容斋五笔·瀛莫间二禽》中说："瀛莫二州之境，塘泺之上，有禽二种……其一类鹜，奔走水上，不闲腐草泥沙，唼唼然必尽索乃已，无一息少休，名曰'漫画'。"

李时珍的《本草纲目》中也提到了这种漫画鸟。

这些记载实际上与今天的漫画没有太多瓜葛。但后来因漫画大国日本的学者几经引用和变化，1902年漫画这个名称才在日本正式安定下来。1904年，漫画的名称曾在中国的报纸《警钟日报》上昙花一现，就沉寂20多年，直到1925年5月，《文学周报》主编郑振铎连载了丰子恺富有爱心和情趣的儿童画和抒情画，并注明为漫画。这一称谓才在中国固定下来，并开始普及。

相比美国，中国人自己创作的数学漫画还不太多，但是也有一些在教学中的应用，比如关于乘法分配律的漫画等（如图7.10）。天涯社区还有一组"初一学生家长给孩子画的数学漫画"，也很有意思。

我们看到的走向世界的最成功的例子是"函数操"（如图7.11）。它在海外的社交网站上已经广泛传播开了。

图 **7.10**　中国人的数学漫画/天涯社区

图 **7.11**　函数操/网络

这是一个好现象，而且已经有不少有识之士开始注意到了数学漫画的价值，翻译了一些国外优秀的漫画作品，比如来自韩国的《幻想数学大战》《冒险数学奇遇记》以及《漫画数学》系列等，得到了数学名家的推荐。但是似乎中国数学漫画与中国漫画的整体发展一样，正处于瓶颈期，有待更多的关注和发掘。中国科学院王渝生先生喜爱漫画，他给很多朋友和同门师兄弟画过肖像漫画，而且喜欢用自己的漫画头像给别人签名。

他曾说：科普书姓"科"名"普"，所以科普著作首先需要具备科学性和真实性，然后还需要具备趣味性和故事性。他非常认同一些孩子家长对多开发漫画版的科普图书的建议，并呼吁科普作家和动漫画家携手为孩子们奉献高质量的漫画版科普书。当然，这也代表了我们的心声，衷心希望更多优秀的中国数学漫画出版，希望孩子们享受到更多学习的乐趣和启迪。

参考文献

1. 科普书籍受冷落，专家支招做成漫画版. 北京晚报，2010 年 8 月 9 日.

第八章　xkcd 的数学漫画

漫画对传播和普及科技知识有独特的功用。2014 年 4 月 11 日，数学家陶哲轩发了一篇博文"一张图片值 64K 字节"（A picture is worth up to 64K bytes）。他说的那张图片是在著名的 xkcd.com 网站上，解说开源加密库 OpenSSL 的程序错误"心血漏洞"（heart-bleed）的一幅漫画。

1. 数学漫画网站 xkcd

xkcd 是一个大受欢迎的数学漫画网站。它的网站站长兰德尔·门罗高中毕业于"数学与科学高中"，大学是物理专业毕业生，在 NASA 蓝利研究中心做过机器人方面的工作，也做过程序员。因此，他的漫画有些深奥，有许多数学、物理、天文和航天的内容。2006 年以后，他开始以全职创作漫画为生。所以我们如果在商业上使用他的作品，应该给他付款。2011 年和 2012 年，他两度被提名为雨果奖最佳漫迷艺术家。他选择"xkcd"这个奇怪的名

图 **8.1**　兰德尔正在试图找到小黄鸭叠立的平衡点/维基百科

字一方面是因为他想要一个没有任何意义的名字，这样他就不会有一天对其感到厌倦。所以大家没有必要研究其中的含义了。另一方面，他的作品普遍有一定的深度，不易理解。因此，有人特意制作了一个网站，专门解读他的漫画，在著名的社交网站 Reddit 上也有专门的部落。下面甄选一些与数学、编程有关的漫画，请大家慢慢领悟和欣赏。

图 **8. 2**　兰德尔返回母校演讲／史密斯，NASA

2.　xkcd 的数学漫画

"Minifigs"是"Lego minifigures"的缩写，意思是乐高公司的迷你人形玩具（如图 8.3(a)）。自 1978 年问世以来，迷你人型已经卖出超过 40 亿了。兰德尔预测到 2019 年，迷你人型数量要超过世界人口数量。作者在漫画中多次用到统计学中的外延方法，比如：Extrapolating，Sustainable 和 Detail。看着兰德尔如此科学的态度和作为，似乎漫画中的预测很有可能真的要发生。但根据联合国人口基金会的 3 个预测（如图 8.3(b)），他的预测只有在最坏的情况下才会出现。

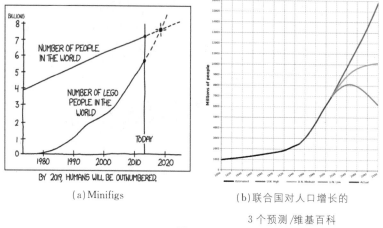

（a）Minifigs

（b）联合国对人口增长的

3 个预测/维基百科

图 8.3

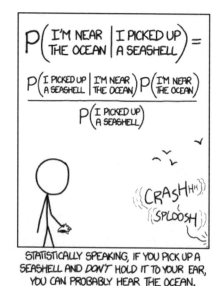

图 8.4　Seashell

　　上面这幅漫画(如图 8.4)中的这个概率公式应该这样解读：在我捡到一个贝壳的条件下，我靠近海边的概率等于在我靠近海边的条件下，我捡到一个贝壳的概率乘我靠近海边的概率，再除以我捡到贝壳的概率。像这种与两个事件相关的概率计算方法叫作"贝叶斯定理"(Bayes' theorem)。如果你手拿一个贝壳，特别是海螺，放到耳边倾听，你会听到一种声音。很多人以为这种声音来自大海。有人甚至声称能听到海浪冲击岸边的声音(见漫画的右下角，图 8.4)。其实这是一个误解。你听到的只是贝壳共振(seashell resonance)。无论你身处何方，只要把手放在耳边，就会听到类似的声音。

　　30 年前，有多少人会一天到晚相机不离手呢？大概只有职业摄影师会这样吧。但是到了 2013 年，美国人中每时每刻携带相机的人至少也有 90％了(如图 8.5)。这当然是手机特别是智能手机的功劳。一个潜在的推论就是，既然几乎人人都随身携带相机，那么如果飞碟、水怪、大脚人事件都是真的，就应该有更多的相关报道，而且伴随这些事件的疑问也应该已有答案。这样才符合常理，但事实并非如此。

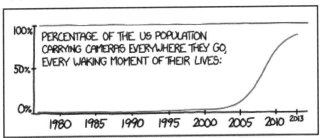

图 8.5　Settled

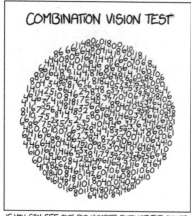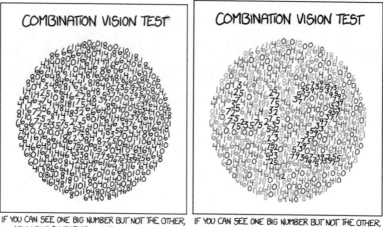

图 **8.6**　Combination Vision Test

　　你能看出上面这幅漫画中左边的图（如图 8.6(a)）所蕴藏的秘密吗？人家都说金屋藏娇，可是这张图里藏的却是两个大大的阿拉伯数字。它有点像色盲检测图（Color perception test），但却只有黑色，怎么识别呢？第一个数字是"4"，它是由 0 到 9 之中的所有素数 2，3，5 和 7 组成；第二个数字是"2"，它是由 0 到 9 之中除了 1 之外的所有奇数 3，5，7 和 9 组成。可能读者奇怪这两组数字怎么可能会有重复呢？实际上，如果你把这些数字都涂成另一种颜色，就会一目了然（如图 8.6(b)）。正常人看不出这两个数字，当然是正常的，但有一种叫作联觉的神经系统的疾病，一种感官刺激或认知途径会自发且非主动地引起另一种感知或认识。这幅漫画就反映了如果你有联觉症并有色盲症，有些不同颜色在你眼里可能会变得相同，因此你也许只能看到其中一个数字而看不见另一个。

A GUIDE TO
INTEGRATION BY PARTS:

GIVEN A PROBLEM OF THE FORM:

$$\int f(x)\, g(x)\, dx = ?$$

CHOOSE VARIABLES u AND v SUCH THAT:

$$u = f(x)$$
$$dv = g(x)\, dx$$

NOW THE ORIGINAL EXPRESSION BECOMES:

$$\int u\, dv = ?$$

WHICH *DEFINITELY* LOOKS EASIER.

ANYWAY, I GOTTA RUN.

BUT GOOD LUCK!

图 **8.7**　Integration by Parts

　　上面的这幅漫画（如图 8.7）是微积分中的分部积分，是一种简化复杂积分的方法，往往令初学者迷惑不解，原因在于它没有一个让人遵循的固定程式。分部积分要求人们具有耐心，在反复实践中积累充足的经验。这幅漫画是想给人们呈现出，分部积分的第一步并没有那么难，而且只要你走出了这一步，就会迎来曙光。

CIRCUMFERENCE OF A CIRCLE:

$$2\pi r^2$$

²THE CIRCLE'S RADIUS

图 **8.8**　Circumference Formula

看出图 8.8 这幅漫画的奥妙了吗？它的奥妙在于圆周长的表达式里右上角的 2。猛地一看，人们可能会想当然地以为这个 2 是平方的意思。按这个思路，很多人会毫无悬念地把这个表达式理解为 2π 乘半径的平方，即一个既不是圆周长也不是圆面积的混合体。其实它不是平方的意思，只是一个角注号码。这幅漫画意在提醒人们，你写的东西可能会由于表达不当而让别人产生误解。

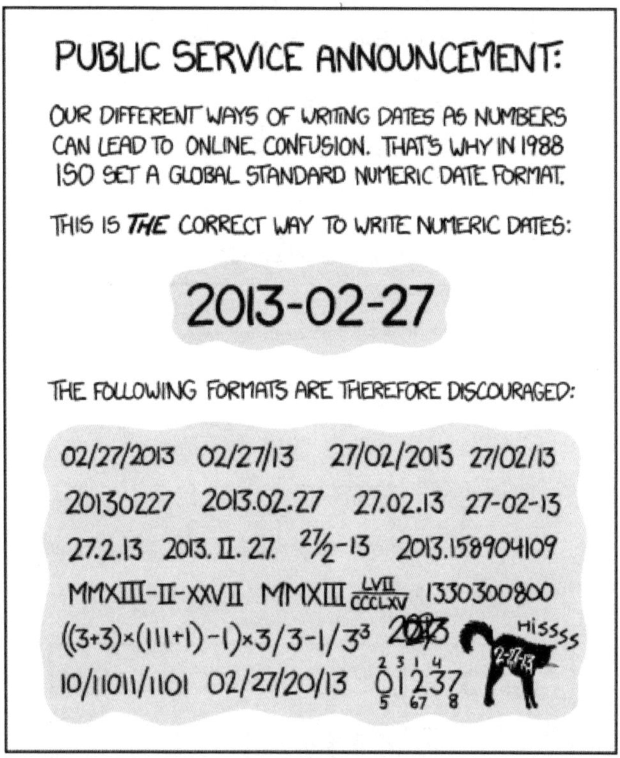

图 **8.9**　ISO 8601

如果用中文来书写 2013 年 2 月 27 日，那么不管你怎么写大概都不会出现歧义。但如果完全用阿拉伯数字或罗马数字来书写这

个日期，那么写法不但会比中文写法增多，歧义也在所难免。ISO
是"国际标准化组织"的缩写。这个组织确实有一个"ISO 8601"标
准，2013 年 2 月 27 日的标准写法是 2013-02-27，在上面的这幅漫
画（如图 8.9）的中间醒目位置可以看到。漫画中还给出了这个日期
的许多不同写法，中国人可能难以想象外国人会有这么多的发挥。
权当笑话一笑了之吧。

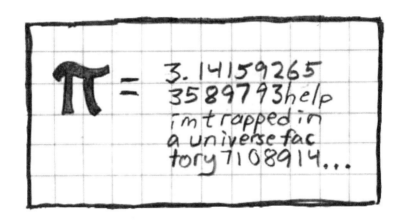

图 **8.10**　Pi Equals

上面的这幅漫画（如图 8.10）的灵感可能是受到下面两个启发：
一个启发是美国天文学家和科普作家萨根写的一部小说"Contact"，
其中写到，上帝是以编码形式存在于数字 π 之中，因此漫画中的
求救信号（help）是人们向上帝发出的；另一个启发来自一个关于
"幸运果"（fortune cookie）的传统笑话。"幸运果"是一种小点心，
掰开后里面藏着一张小纸条，写着预示命运的一些话。这个传统
笑话中的"幸运果"里的纸条上写着："帮助我，我陷入在幸运果工
厂里了"。因此，这幅漫画中的字母部分表示："上帝，请您来帮
帮我吧！我无可自拔地陷入偌大的宇宙工厂当中啦！"下面，我们

再解读最后的七位数字 7108914，它们真的在 π 里吗？是的，大约是在第 2 500 位。

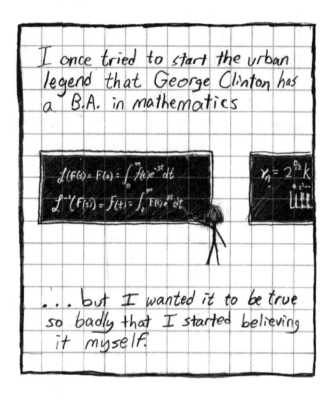

图 **8.11**　George Clinton

　　乔治·克林顿是一位美国音乐家，他以有些令人恐怖的声音和发型而著称。在上面的这幅漫画（如图 8.11）中，漫画作者曾经试图描画一个都会传奇，亦即乔治·克林顿拥有一个数学的文学学士（Bachelor of Arts）学位。这样一来，乔治·克林顿就会肩负数学与音乐两个翅膀，令人惊叹。这本来只是一个幽默，但作者说他十分希望这是真的，以至于他自己都开始相信乔治·克林顿拥有一个数学学位了。这种现象叫作"幻想性谎言癖"（pseudologia fantastica）或"病理性说谎"或"强迫性说谎"。事实上，乔治·克林顿应该是没有数学学位的。不过，确实与数学有一段姻缘，他和另一位歌唱家曾经唱过一首"爱情的数学"（Mathematics of Love）。漫画中的数学公式是拉普拉斯变换和逆变换。注意：公式并不准确，千万别从这里照搬。

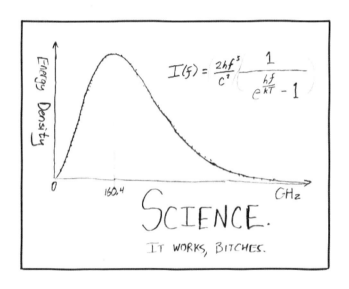

图 **8. 12**　Science

　　上面的这幅漫画（如图 8.12）显示的是，能量密度与频率的关系。仔细看的话，这里有两条曲线，一条实线，一条虚线。实线代表的是理论上的黑体辐射，虚线代表的是对宇宙微波的背景辐射（cosmic microwave background）。图中的公式是普朗克定律（Planck's law），是普朗克于 1900 年在黑体辐射研究中得出的，被用于描述在任意温度 T 下，从一个黑体中发射的电磁辐射的辐射率与电磁辐射的频率的关系。这个漫画说明理论值和预测值是多么地接近。最底下的一句话是俚语，表达的是作者对科盲的鄙视。

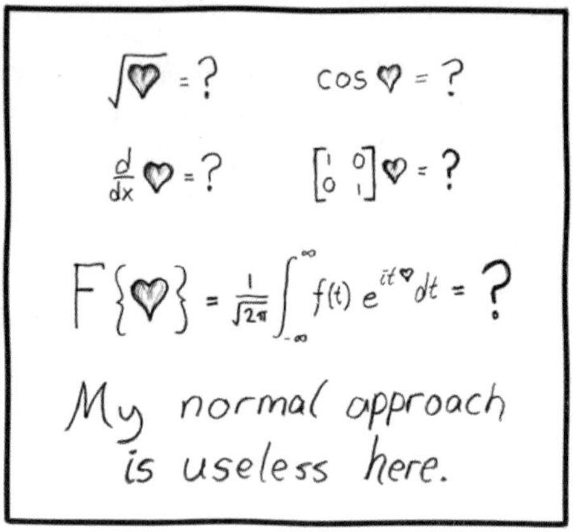

图 8.13   Useless

上面的这幅漫画（如图 8.13）大概是情人节的应景作品吧。它们的共同特点就是把一颗心做数学变换，却得不到任何结果。似乎在说，无论如何变换着心思，甚至用尽了所有通常的办法，来讨心上人欢心，可都无济于事，得到无果的结局。该怎么办呢？做什么事情都要有新意，也要有心意。这些"通常的"数学变换了无新意，又无心意，当然无法轻易叩开一颗渴望美好的心，即便对爱情函数做傅里叶变换，又能使人看到什么呢？还不如将一颗心用恒等变换来转换，这样一来，变化之后还是得到同样的一颗心。任世事如何变迁，任时光如何流转，我追随你的心都将永远不变。如果有这样的一颗心，向心上人表白，对方怎能不心花怒放呢？

或者我们可以这样解读，如果我们的心总是变来变去，则一事无成，只有坚持到底，有一颗踏实做事的恒心，才会有丰盈的收获。

 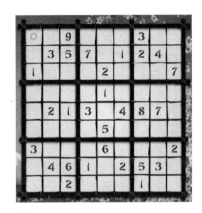

（a）Su Doku　　　　　　　（b）数独/Arkadium Inc.

图 **8.14**

数独（Su Doku）是一个逻辑性的数字填充游戏，有 9 行 9 列共
81 个格子（如图 8.14（b））。玩家须以数字填进每一格，而每行、
每列和每个宫（即 3×3 的大格）都包含 1 至 9 所有数字。游戏设计
者会提供一部分的数字，使谜题只有一个答案。在上面的漫画（如
图 8.14（a））中，漫画作者设计了一个独特的数独游戏，即一个二
进制的数独。它有两行两列，共 4 个格，只能填写 0 和 1。看来二
进制不仅在电子工程中比十进制更容易实施，而且在游戏里也容
易得多。其实，这个二进制数独并不是数独的一个自然演绎，不
过，却可以启发读者思考：到底什么是数独的精髓？能否设计出
更为有意思的数独游戏呢？

国人对哥德巴赫猜想耳熟能详。这个猜想最早出现在 1742 年
普鲁士人哥德巴赫与瑞士数学家欧拉的通信中。用现代的数学语
言，哥德巴赫猜想可以陈述为："任一大于 2 的偶数，都可表示成
两个素数之和。"哥德巴赫猜想相当困难，直至今日，数学家对于

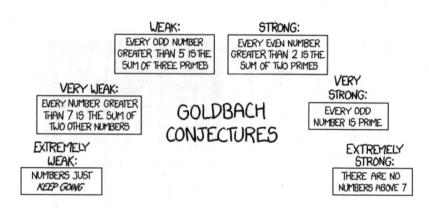

图 8.15　Goldbach Conjectures

哥德巴赫猜想的完整证明仍没有任何头绪。任何这方面的进展都是在比较弱的形式下得到的。图 8.15 这幅漫画就给出了一些强、弱形式的哥德巴赫猜想，只是有些强哥德巴赫猜想太强了以至于不可能成立，而有些弱哥德巴赫猜想又太弱了，弱到了平俗。

3. xkcd 的计算机程序漫画

Ayn Random Number Generator(艾茵随机数发生器)是一个关于艾茵·兰德的双关语。兰德是俄裔美国哲学家、小说家。她的哲学理论和小说开创了客观主义哲学运动。她的哲学和小说里强调个人主义的概念、理性的利己主义和彻底自由放任的资本主义。图 8.16(a)这幅漫画中的"白帽人"(White Hat)写了一个程序叫"艾茵随机数发生器"，声称对于所有的数字都是公平的。但另一个人却认为这个发生器实际上更眷顾于某些数字。白帽人辩解说："可能是因为那些数字在本质上就更好吧！"

　　　　(a)Ayn Random　　　　　　　(b)兰德/美国邮政局

图 **8.16**

$$\text{VOLUME}(R) = (4/\text{INT}(PI)) * PI * R\char94\text{INT}(PI)$$

PROGRAMMING TIP: THE NUMBER "3" IS CURSED. AVOID IT.

图 **8.17**　int(pi)

　　图 8.17 这幅漫画与编写计算机程序有关。它告诉人们，一个常数如果在一段程序里出现多次，应该用一个变量来代替。虽然每个程序员都懂这个道理，但是真正做好的又有多少呢？比如，很多人会在用到圆周率的地方都写上 3.14，却懒得用一个变量 PI＝3.14 来代替它。看完这幅漫画后，这些程序员应该认真反思了。

　　学过数据结构课程的人一定会对排序方法有深刻印象。选择使用哪一种方法，最重要的指标就是它的有效性。图 8.18 这幅漫画给出的是 4 个低效率的排序方法。4 个算法都是用伪-Python 语

INEFFECTIVE SORTS

```
DEFINE HALFHEARTEDMERGESORT(LIST):
    IF LENGTH(LIST) < 2:
        RETURN LIST
    PIVOT = INT(LENGTH(LIST) / 2)
    A = HALFHEARTEDMERGESORT(LIST[:PIVOT])
    B = HALFHEARTEDMERGESORT(LIST[PIVOT:])
    // UMMMMM
    RETURN [A, B] // HERE. SORRY.
```

```
DEFINE FASTBOGOSORT(LIST):
    // AN OPTIMIZED BOGOSORT
    // RUNS IN O(N LOG N)
    FOR N FROM 1 TO LOG(LENGTH(LIST)):
        SHUFFLE(LIST):
        IF ISSORTED(LIST):
            RETURN LIST
    RETURN "KERNEL PAGE FAULT (ERROR CODE: 2)"
```

```
DEFINE JOBINTERVIEWQUICKSORT(LIST):
    OK SO YOU CHOOSE A PIVOT
    THEN DIVIDE THE LIST IN HALF
    FOR EACH HALF:
        CHECK TO SEE IF IT'S SORTED
            NO, WAIT, IT DOESN'T MATTER
        COMPARE EACH ELEMENT TO THE PIVOT
            THE BIGGER ONES GO IN A NEW LIST
            THE EQUAL ONES GO INTO, UH
            THE SECOND LIST FROM BEFORE
        HANG ON, LET ME NAME THE LISTS
            THIS IS LIST A
            THE NEW ONE IS LIST B
        PUT THE BIG ONES INTO LIST B
        NOW TAKE THE SECOND LIST
            CALL IT LIST, UH, A2
        WHICH ONE WAS THE PIVOT IN?
        SCRATCH ALL THAT
        IT JUST RECURSIVELY CALLS ITSELF
        UNTIL BOTH LISTS ARE EMPTY
        RIGHT?
        NOT EMPTY, BUT YOU KNOW WHAT I MEAN
    AM I ALLOWED TO USE THE STANDARD LIBRARIES?
```

```
DEFINE PANICSORT(LIST):
    IF ISSORTED(LIST):
        RETURN LIST
    FOR N FROM 1 TO 10000:
        PIVOT = RANDOM(0, LENGTH(LIST))
        LIST = LIST[PIVOT:] + LIST[:PIVOT]
        IF ISSORTED(LIST):
            RETURN LIST
    IF ISSORTED(LIST):
        RETURN LIST:
    IF ISSORTED(LIST):  //THIS CAN'T BE HAPPENING
        RETURN LIST
    IF ISSORTED(LIST): // COME ON COME ON
        RETURN LIST
    // OH JEEZ
    // I'M GONNA BE IN SO MUCH TROUBLE
    LIST = [ ]
    SYSTEM("SHUTDOWN -H +5")
    SYSTEM("RM -RF ./")
    SYSTEM("RM -RF ~/*")
    SYSTEM("RM -RF /")
    SYSTEM("RD /S /Q C:\*") //PORTABILITY
    RETURN [1, 2, 3, 4, 5]
```

图 8.18　Ineffective Sorts

言写的。第 1 个算法是一个未完成的归并排序，其作者大概是一个计算系的学生，显然只做了一半就不知何故选择中途放弃，把两个已经排序的序列合并成一个序列的操作彻底省略了，因此，叫作"半心半意的归并排序"。这个伪程序以"Sorry"结束，可能编程者也感觉到一丝歉意了吧。第 2 个是 Bogo 排序。这是一个既不实用又原始的排序算法，其原理等同于将一堆卡片抛起，落在桌上后检查卡片是否已整齐排列好，若非就再抛一次。这样的方法毫无希望达到目的，所以编程者干脆就返回一个出错的信息作罢。

第 3 个是一个程序员在应征面试时，试图写出快速排序的程序。本来快速排序是一个非常好的方法，我们在第 3 册第三章里还专门介绍了"霍尔和快速排序"，但是这位可怜的应试者却做出了一个最令人失望的举动，竟然想调用现成的程序库。最后一个排序毋庸多说，就是一个烂摊子。

图 **8.19**　Halting Problem

停机问题（Halting Problem）是逻辑数学中可计算性理论的一个问题。通俗地说，停机问题就是判断任意一个程序是否会在有限的时间之内结束运行的问题。该问题等价于下述判定问题：给定一个程序 P 和输入 w，请问程序 P 在输入 w 下是否能够最终停止？图灵在 1936 年业已证明，不存在一个可以解决停机问题的通用算法。后来，美国数学家马丁·戴维斯把它称为停机问题。停机问题是计算机科学里的一个转折点，人们通常用它把一个任务转变成停机问题，从而证明一个任务是不可能完成的。然而，在上面这幅漫画（如图 8.19）中，漫画作者另辟蹊径，提供了一个简单的解法：只要是问停不停机（does it halt），就说停（return true）。然后作者请大家思考一个大局。从物理的角度来说，作者是正确的，因为整个太阳系都会有终止的那一天，所以只要给定足够的时间，任何程序都会最终停止下来。但是从数学角度来想，作者又是不对的，比如图灵机的硬件不会停止工作，因为它本来就不是一个真正的机器。从实际应用的角度来考虑，一段程序不能永远运行 return true，必须在某种条件下 return false，否则在调用这段程序时就有可能在数学意义上永远不停地运行下去。

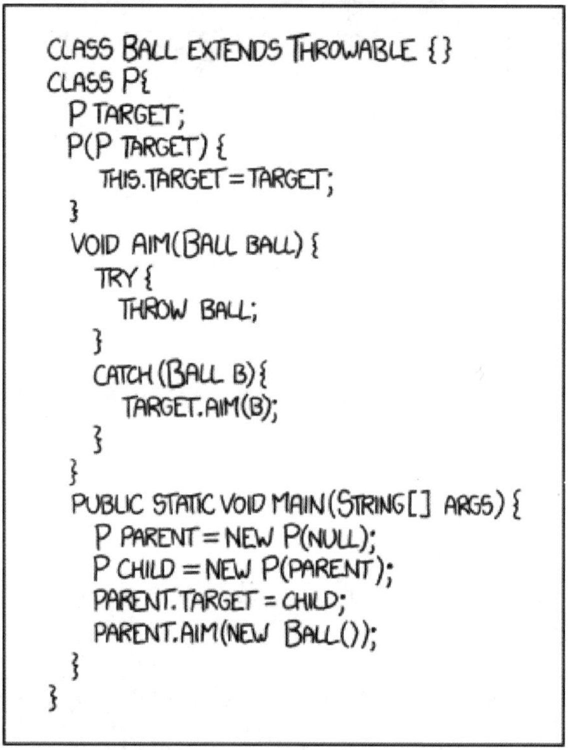

```
CLASS BALL EXTENDS THROWABLE {}
CLASS P{
  P TARGET;
  P(P TARGET) {
    THIS.TARGET = TARGET;
  }
  VOID AIM(BALL BALL) {
    TRY {
      THROW BALL;
    }
    CATCH (BALL B){
      TARGET.AIM(B);
    }
  }
  PUBLIC STATIC VOID MAIN(STRING[] ARGS) {
    P PARENT = NEW P(NULL);
    P CHILD = NEW P(PARENT);
    PARENT.TARGET = CHILD;
    PARENT.AIM(NEW BALL());
  }
}
```

图 8.20 Bonding

上面这幅漫画（如图 8.20）是一个用 Java 语言写的关于父母与孩子玩接球游戏的一个原程序，标题的原意是粘贴，这里取其延伸意义，特指建立亲子关系。漫画中的程序有些搞笑，因为作者使用了 Java 的两个关键词"throw"和"catch"，以及"throwable"。在 Java 里，"throw"和"catch"这两个词是用来做异常处理的，跟抛球、接球毫无关联。这个程序用到了递归，于是抛球、接球永不停止，直到堆栈溢出。另外，在数据结构理论中，人们通常用"parent"和"child"来表达一种抽象的概念，也不是我们日常所说的父母和孩子的意思。这种混搭运用在漫画中就有了出其不意又令人捧腹的"笑果"。

xkcd 至今为止已经发表了 1 700 多幅漫画。我们期待他创作出更多更好的作品，亦希望有更多的人开始借用这种方式传播数学和科学知识。

本章中漫画图片除注明者外均来自 xkcd 网站。

参考文献

1. xkcd 漫画网页 . http：// xkcd. com.

2. explain xkcd. http：// www. explainxkcd. com.

3. Reddit 部落 . http：// www. reddit. com/r/xkcd.

4. T. Tao，A picture is worth up to 64K bytes. https：// plus. google. com /114134834346472219368.

第九章　画家蔡论意的数学情缘

话说数学艺术，通常我们所见闻的几乎限于制图和可视化的范畴。在这个时候，数学俨然扮演了主人的角色，利用计算机把抽象的或现实的事物一一呈现，其中最为典型的是分形，还有雪花，供人们享受一场场视觉的盛宴。当然，数学艺术并非仅此而已，我们今天带大家领略另外一种数学艺术，它是用绘画来表现数学，或者说有意识地、系统地尝试用艺术来画出数学。

1. 为艺术而选择数学专业

画画不足为奇，但有意画出高深的数学却是稀奇，这不仅要有数学的素养，还要有绘画的功力。美籍华裔画家蔡论意先生就是其中的翘楚。蔡先生 1970 年出生于波士顿，1992 年从塔夫斯大学获得数学学士学位，1994 年从匹兹堡大学获得数学硕士学位。但是他最后没有成为一名数学家，而是成为一名职业画家。这样的经历恐怕是绝无仅有吧。

虽然蔡论意在学校里的专业是数学，可他从未想过成为一名数学家。令人感到奇怪的是，他当年决定学数学竟然是源于对绘画的喜好。这不得不要从他的家庭谈起。蔡论意出生于一个在 20 世纪七八十年代颇具活力的雕塑家家庭，他的父亲是著名的动感雕塑艺术家蔡文颖先生。因此，他从小接触到了大量的艺术，特别是抽象艺术，但是冥冥之中他总觉得似乎在抽象艺术中缺少点

图 **9.1**　蔡论意先生 /蔡论意

什么。虽然那只是朦朦胧胧的一种感觉，但他决心去发现它并去填补这一空白。这就意味着他必须真正地理解什么是抽象，才能真正走上抽象艺术的发现之旅。他很有自己的主张，觉得艺术学校不会教他这些，所以毅然选择了学习数学，因为数学是最严格的、最抽象的学科。所以，他并不是盲目地进入了数学系，也不是从数学转到绘画，实际上他是为了艺术追求而选择走进数学。

正因他压根儿就未曾想走专业数学家道路，所以毕业后从事艺术事业是十分自然的选择。不过，他也从来没有真正地离开数学，而是力图把数学推广到艺术家的圈子里去。一有机会，他就到大学去讲数学艺术课程，先后开设了"以数学和艺术为中心的有限数学""艺术中的对称"等课程，为学生们在艺术和数学之间搭设着有益的桥梁。

2. 蔡论意数学艺术作品赏析

蔡论意的数学艺术就是通过画笔把数学尽情表现在画布里。清代诗人袁枚诗云：品画先神韵，论诗重性情。让我们一起来欣赏蔡论意作品的数学神韵吧。

先来看图 9.2 这幅画，这幅画叫作"几何学家的切空间"（Geometer's Tangent Space，2005 年），很具有代表性，他在这方面的创作风格基本如此。学习数学专业的人看到这幅作品，可能会联想到老师在几何、代数课上所画出的切线、切平面的草图。但是经过画家的妙手，把草图变成

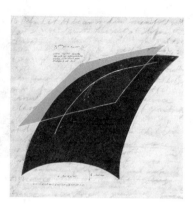

图 **9.2**　几何学家的切空间/蔡论意

艺术后，它就实实在在地走出了课堂，人们绝对不会把它误认为是老师的讲稿或学生的算草纸。这就是艺术的魅力，是一种升华的美，是数学向艺术的自觉靠近，又是数学对艺术的殷切召唤。这种品质是计算机制图所不能表达的。

图 **9.3**　代数退化/蔡论意

再来看一幅画（如图 9.3），这是一幅"代数退化"（Algebraic Degeneration），名字似乎有些随意，其实所表现的内容很严谨，如果仔细欣赏这幅画就可以看出很多的数学内涵。它表现的其实是二次曲线。二次曲线可以在对称锥上实现，这是大家都知道的事实。相交的直线就是"退化"了的二次曲线，两个对顶的圆锥交于一点就"退化"成了一个点。

蔡论意在这幅图中形象地表现了二次曲面和圆锥面的关系。注意，他在突出圆

锥曲面的同时，还有意在背景中加上了若隐若现的数学公式。这似乎是他常用的一种手法。在第一幅画中我们也看到了许多数学符号。运用这种方法，他既把代数和几何的关系显现出来，又达到了一种朦胧美的意境。蔡论意的"代数退化"其实不止一幅作品，而是一个主题系列。以此为主题，他创作了不少上乘作品，比如，柏林画展上就有两幅："欧洲梦"（The European Dream）和"美国梦"（The American Dream）（如图 9.4），这是我们特别喜欢的作品。这样把数学巧妙地融汇到绘画中，就能得到普通观众的欣赏。

图 **9.4**　柏林画展上，蔡论意与他的"欧洲梦"（左）和"美国梦"/蔡论意

　　蔡论意对数学艺术的追求并不满足于他自己有限的数学背景，而是在艺术创作中寻求与数学家的合作，因此，诞生了更多富有创意的作品，而且较以前的作品更有深度，也更贴近于数学研究的前沿。比如"里奇流切割术""怀特海连续统"（Whitehead Continuum）"沙法列维奇猜想"（Shafarevich conjecture）以及"Sigma T 上的虫洞构造"（Wormhole Construction on Sigma T）等。

　　"里奇流切割术"（Ricci Flow with Surgery，2007 年，如图 9.5）是他与哥伦比亚大学哈密顿教授共同创作的。哈密顿作了一

次关于里奇流的演讲。而里奇
流正是佩雷尔曼在证明庞加莱
猜想中使用的关键一步。他使
用的就是在流形上的奇点的切
割术。在演讲中，哈密顿形象
地用雪茄和脖子来比喻它。演
讲后，蔡论意与哈密顿有过一

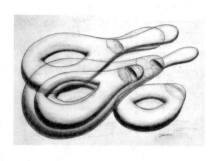

图 **9.5**　里奇流切割术／蔡论意

段交谈，他们谈论了数学的历史和未来。哈密顿认为，数学史总
被写成是应该发生的事件，却从来不是实际发生的事件。他指出，
对庞加莱猜想的部分证明也被改写了。他回忆说，这个问题似乎
很简单，所以很奇怪为什么包括他自己在内的那么多人都没有意
识到解决的办法就是一点小小的"手术"。这是解决数学问题时的
一种典型情形，在解决之前它看起来是不可能的，但是当知道答
案后，它又完全是显而易见的了！其实，正是哈密顿在黎曼几何
之中引入了里奇流，然后发现在里奇流上的一种手术可以使得我
们跨过奇点，继续通过里奇流来演化空间。哈密顿工作的初衷是将
所有的三维几何空间分类，并解决庞加莱猜想，而他的计划最终被
佩雷尔曼实现。哈密顿引入的里奇流无疑是现代几何中最有力的工
具之一。我们在互联网上尝试寻找类似的作品，发现在维基百科里
奇流的一页上的一幅画有些类似，但是从感染力来说，还是蔡论意
的作品更形象。这说明了蔡论意用他的画笔画数学的意义。

3. 寻根中国和热衷公益

当然蔡论意也不仅仅是画数学。1995 年，他作为一名华裔到
中国寻根，先后在重庆、内蒙古、北京的大学工作，教授英文。5

年多来，他在英语教学方面积累了丰富的经验，受到学生们热烈的欢迎。同时，在工作之余，他把精力都放到了从小就热爱的油画创作上，画画成了他寻根时的锚。在学习和了解中国传统艺术中，进行自己的现代艺术创作。在中国，他暂时放下了以数学为中心的抽象艺术绘画，而是用绘画来表现对生活的理解和对人物的观察。5 年多来，他画了一批反映普通人生活的油画作品，有北京街头、地铁、公园里的人，也有熟悉的艺术家和朋友。他通过重点观察和描画人物的面孔，表现人物的性格和内心世界。这充分显示了他绘画功底的扎实全面。2000 年，蔡论意油画作品在北京展出。

　　蔡论意一直关注公益活动。在中国他是国际教育资源网（iEARN）的美方协调员。2002 年，蔡论意在纽约推出"'9·11'事件的反响与思考"。他在自述里解释了他为什么转画有血有肉的人物画。他说："2001 年 10 月初，我还在麻省理工学院的先锋视觉艺术中心工作。当时'9·11'恐怖事件仍强烈震撼着整个美国乃至世界。我认为捕捉人们当时的震惊、痛苦和怜悯的反应是非常重要的。我感觉到，作为美国人，特别是一个纽约人，我们固有的安全感消失了。它从此改变了我们平静的生活。一天深夜，我意识到我在麻省理工学院的数学抽象画是不可能捕捉到这种感觉的。因为这是一个真实发生的事实，而不是抽象的事件。这是关于人，关于我们的痛苦、希望和逐渐的恢复。于是我决定回到我以前的现实主义创作风格中去。在此后的几个月里，我在纽约的大街小巷里画素描，并满怀激情地创作了这一系列油画。今年 6 月当我完成了这一系列作品时，有一种巨大的解脱感。"

　　不过，数学依然是他要画的第一主题。我们再来看下面这幅画.(如图 9.6)，这也是蔡论意的一幅数学绘画。

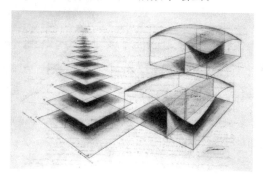

图 **9.6**   压缩映射和皮卡定理 /蔡论意

这幅作品叫作"压缩映射和皮卡定理"(Contraction Mapping and Picard's Theorem，2007 年)，是他与塔夫斯大学的昆托教授一起创作的。昆托是蔡论意在大学时的数学老师。当他问昆托教授什么定理最精彩的时候，教授选择的是压缩映射原理。在一个度量空间 M 上，压缩映射是把任意两点的距离变得更小的一类到自身的函数。记度量为 d，函数为 f，设 $0<k<1$。那么压缩映射满足对于所有 M 内的 x 和 y，都有 $d(f(x)，f(y)) \leqslant kd(x，y)$。直觉上，压缩映射把物体缩小，这正是绘画中左边图形的意境。皮卡定理也被称作柯西—利普希茨定理(Cauchy-Lipschitz Theorem)或皮卡—林德勒夫定理(Picard-Lindelof Theorem)。这个定理保证了一元常微分方程在给定的初始条件时的局部解以至最大解的存在性和唯一性，这就是绘画中右边图形的意境。在这幅作品中，蔡论意充分利用了透视的手法，把一个数学定理展现成了一个优美的建筑设计，特别具有中国传统建筑的特点，就仿佛是庙宇和庭阁，自然使人产生一种立即想要进入这样一个数学世界之中的冲动，也许连画家本人都没有意识到这样的效果吧。

4. 蔡论意作品与计算机图像的对比

最后，我们把蔡论意的作品和计算机产生的相应图像放在一起，请大家做一个比较。我们选择了 3 个数学概念：处处连续处处不可微函数(Continuous Nowhere Differentiable，2004 年，如图9.7(a)，9.7(b))、Morin 球面(Morin's Sphere，2005 年，如图9.8(a)，9.8(b))和达布积分(Riemann Darboux Integral，2004年，如图 9.9(a)，9.9(b))。艺术的威力和神韵尽在不言之中。

(a)处处连续处处不　　　　　(b)魏尔斯特拉斯函数

可微函数/蔡论意　　　　(Weierstrass Function)/维基百科

图 **9.7**

 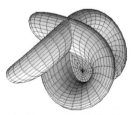

(a)Morin 球面/蔡论意　　　　(b)Morin 球面/维基百科

图 **9.8**

(a)黎曼达布积分/蔡论意　　　　　　(b)达布积分/作者

图 **9.9**

5. 关于数学与艺术

Q 前面说过，蔡论意是用艺术来表现数学。而历史上更多的是有意无意地用数学来表现艺术。这方面的杰出代表人物是埃舍尔。其他还有达·芬奇等人。同济大学的梁进教授在科学网上有一个非常棒的系列"世界名画中的数学"，介绍了多种数学概念和技巧在艺术上的应用。作为数学的应用，我们最后看几个简单的例子。

题 透视投影是为了获得接近真实三维物体的视觉效果而在二维的纸或者画布平面上绘图或者渲染的一种方法，它也称为透视图。一位女画家使用透视投影的手法画了一排树，这些树都在一条直线上。然后她检查树与树之间的距离。假定她测出了画面上线段 AB，BC，CD 和 KL 的距离（如图 9.10）。问 LN 的距离是多少？

题 杜拉克是一位法裔英国插画家和邮票设计师，曾为《夜莺》《美人鱼》《阿拉伯之夜》、安徒生的故事和莎士比亚小说等插画。

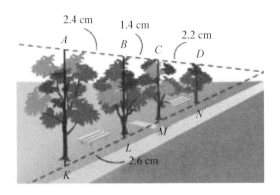

图 **9.10**　一排树

他在画"风的故事"的时候使用了透视投影的手法来画地砖（如图
9.11(a)）。在图 9.11(b)中，假定

$$\angle 1 = (3x+2)^\circ \quad \text{且} \quad \angle 2 = (5\ x-10)^\circ,$$

其中 $x=6$。证明 $DJ /\!/ EK$。

(a)"风的故事"/维基百科　　　　　　　(b)地砖图

图 **9.11**

⬡题 投影法则是绘画艺术里的一个基本法则。同样一个物体，

当观测者站在不同的角度时，就会得到不同的投影。顾森在他的"Matrix67"博客上曾经出过一道题：正方形能被画成什么样？有5种选择（如图9.12）。其中有没有一幅不可能是一个正方形的透视图？答案在顾森的博文里。

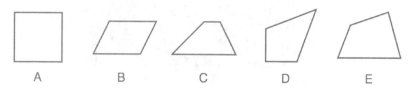

A   B   C   D   E

图 9.12 正方形能被画成什么样？

顾森还有一篇很不错的博文："下一根枕木应该画在哪儿？"

🈩位于伊朗的纳西尔-AL-莫克清真寺（Nasir-al-Molk Mosque）以其绚丽多彩的几何图案而著称（如图9.13）。它1876年始建于卡扎尔王朝，至今仍在使用。它最显著的特点是全部用彩色玻璃拼出图案，且因室内多粉色而被称为粉红清真寺。几何形状不仅仅是用来装饰的。他们相信，几何是通向精神智慧的通道。相互连接并具多棱的形状具有宗教上的重要意义。读者如果有机会去参观的话，请注意找出尽可能多的几何形状来。

图 9.13 清真寺内祈祷室/维基百科

🈩在绘画艺术中，人们讲究平衡和比例。这是一幅美国史密森尼学会收藏的康熙皇帝第14子爱新觉罗·胤禵（也称恂郡王胤禵）和他的妻子的画像（如图9.14）。作者不详。看过电影上的十四

阿哥的读者也许有些不太习惯。请仔
细观察这幅画，看看你能找出画面
左、右两边多少细微的差别。绘画中
的平衡和比例原则是基于作者的数学
技巧的。那么有哪些数学技巧是会在
平衡和比例原则中用到呢？

🔲埃舍尔创造了许多在三维不
可能实现的版画作品。这是作者根据
他的"升序和降序"（Ascending and
Descending）重新画的（如图 9.15）。

图 **9.14** 爱新觉罗·胤禵
与妻子 /史密森尼学会

建议读者找到他的原作仔细欣赏，然后也试着画一画，看看是否
符合透视投影原则，可以体会他的构思。注意在 4 个方向的楼梯
个数是不同的。为什么呢？图 9.15 右下角是彭罗斯三角。其实这
类不可能图形最早是由瑞典艺术家奥斯卡·鲁特斯瓦尔德在 1935
年创作出来的。他有一系列这样的图形，也因此被称为"不可能图

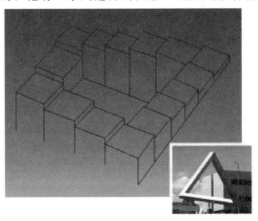

图 **9.15** 升序和降序及彭罗斯三角 /作者，维基百科

形之父"。到 20 世纪 50 年代，英国数学家罗杰·彭罗斯和他的心理学家父亲莱昂内尔·彭罗斯又独立发现了它，并使之走入大众的视野。埃舍尔早期就是受到了彭罗斯三角的启发。"升序和降序"的原型就是"彭罗斯阶梯"。

著名漫画呆伯特（Dilbert）的作者斯科特·阿当斯曾经说过："创造性允许人出错。艺术是让人知道应该保留哪些。"（Creativity is allowing yourself to make mistakes. Art is knowing which ones to keep.）其实有些看上去不可能的图像可以在三维空间里"实现"，不过只是从视觉上实现的。比如右下角的潘洛斯三角（Penrose triangle）。它确实是在三维空间实现的（在西澳大利亚的东珀斯）。猜一猜它是如何实现的。潘洛斯三角还可以推广到多边形。想一想潘洛斯四边形应该如何画？参见第一章"雪花里的数学"。

像潘洛斯三角这种不可能的物件是英国数学家潘罗斯爵士在 1958 年发明的。2014 年 10 月，美国数学家菲利普斯在美国数学会网站上发了一篇文章专门谈这个题目："拓扑结构的不可能空间"（The Topology of Impossible Spaces）。

题 黄金分割（Golden Ratio）在绘画作品里有很多。这方面的先驱应该算是达·芬奇了。人们已经在他的两幅最著名的作品《蒙娜丽莎》和《最后的晚餐》里都发现了黄金分割（如图 9.16）。这当然与他雄厚的数学知识有关，而且黄金分割的确是美的化身。它的核心思想就是将一条线段一分为二，使得较长一段与较小一段的比例正好等于整条线段与较长一段的比例。这个比例值就是黄金分割，比值大约为 1∶0.618。建议读者在互联网上搜寻一下，看还能不能找出更多的用到黄金分割的绘画、雕塑、建筑作品（比如维特鲁斯人、断臂维纳斯、泰姬陵）。

图 **9.16**　最后的晚餐/维基百科

题 艺术家在做镶嵌艺术中经常要反复用到图形的变换（例如平移、旋转和反射等）。我们在第 2 册第九章"美妙的几何魔法——高立多边形与高立多面体"中将给出一个例子。现在一位艺术家需要把一个图形旋转 180°，请写出这个变换的旋转矩阵（如图 9.17）。如果他还需要将得到的图形向上移动 4 格，同时向右移动 2 格，请写出这个平移矩阵。有兴趣制作镶嵌图的读者可以考虑使用（甚至

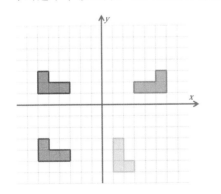 

图 **9.17**　镶嵌图/维基百科

制作)一个镶嵌工具包(Tessellation Kit)。现成的一个网址为：ht-tp：// sciencevsmagic. net/。

题 达·芬奇的《蒙娜丽莎》(1517
年，如图 9.18)是有史以来最著名的
画作之一。而且围绕着她的神秘微笑
始终有没完没了的讨论。在这幅画中
达·芬奇用的是文艺复兴时期的一个
典型创造技巧，称为"渐变"(sfuma-
to)。引人注目的结果是，当你直视
蒙娜丽莎的微笑时，它似乎消失了。
但是，当你的目光落到画的背景时则
看到人物的一张笑脸。400 多年后的
1976 年，著名的西班牙画家达利又
用达·芬奇的同样技巧创作出了一幅

图 **9.18** 《蒙娜丽莎》/维基百科

画"加拉凝视着地中海"(Gala Contemplating the Mediterranean
Sea)。近看，我们看到的是一个女子的身体，远看，我们则看到
的是林肯的头像。现在这个技巧已经发展成了"混合图像"(hybrid
image)的思想。建议读者找到达利的画欣赏一下。

Q 近年来，出现了在非欧几何空间中绘画的新潮流。这对艺
术家的数学训练有了更高的要求。Naiadseye 的一篇博客文章里可
以找到有意思的文献。有一个网站 http：// www. malinc. se 可以让
读者在非欧几何空间中创作出自己的作品。图 9.19 是笔者将一个
彭罗斯三角嵌入到一个庞加莱圆盘中的效果。

图 **9.19**　彭罗斯三角

6. 结束语

数学技巧在绘画中的自然流淌和深刻发挥，让我们大开眼界。我们说蔡论意是一位奇特的数学艺术家或者艺术数学家，他为了钟爱的艺术而学习数学专业，又因由牢靠的数学基础而彻悟了抽象艺术的精髓。他用一支神笔画出了一般画家们理解不了的数学，让难以被大众接受的数学走进了寻常百姓的视野。他年少时的朦朦胧胧亦逐渐变得明晰和清透。

参考文献

1. 蔡论意个人网站 http：//lunyitsai. com/.

2. 蔡论意自述. 北京周报. 2000 年 10 月 30 日.

3. Calculating Reality. 塔夫茨大学通讯. 2008 年 10 月 29 日.

4. 蔡论意. Mapping Reality. 塔夫茨大学杂志. 2009.

5. 蔡论意油画作品在京展出. 人民日报海外版. 2000 年 10 月 24 日.

6. Naiadseye. The Use of Non-Euclidean Geometry in Art. https：// naiadseye. wordpress. com.

第十章　埃拉托塞尼筛法：从素数到雕塑

对于公众来讲，由于中国数学家们在哥德巴赫猜想、孪生素数猜想等方面的卓越贡献，很多人都已对这些名字不再陌生。但也许有人并不知道，这些问题的解决几乎都与一种古老的埃拉托塞尼筛法有关，在美国斯坦福大学的坎特视觉艺术中心还有一个以埃拉托塞尼筛法命名的巨型雕塑。

1. 素数的筛法与孪生素数

说到素数，最基本的是 100 以内的素数。这些素数在数学竞赛中常常会被用到。比如说有这样一道题：**题** 100 以内有多少个素数在加 2 后仍然是素数呢？如果对素数很熟悉的话，就能迅速得出答案。最简单的这种素数，我们可以容易想到 3 和 5。相差为 2 的一对素数还有一个亲近好听的名字，称为孪生素数。3 和 5，5 和 7，11 和 13 等就是孪生素数。

那么，给定一个 100 以内的数，如何迅速判断它是不是素数呢？

一个最简单的方法就是"埃拉托塞尼筛法"（Sieve of Eratosthenes），是 2 000 多年前的古希腊数学家埃拉托塞尼首先使用的一种寻找素数的方法，长久以来一直被用于素数的

图 **10.1**　埃拉托塞尼 /维基百科

研究之中，并因现实中的应用不断被改进。

如图 10.2 所示，给出要筛数值的范围 n，找出 $\sqrt{n}$ 以内的素数 $p_1 \cdot p_2，\cdots，p_k$。先用 2 去筛，把 2 留下，把 2 的倍数剔除掉；再用下一个素数，也就是 3 去筛，把 3 留下，把 3 的倍数剔除掉；接下去用下一个素数 5 去筛，把 5 留下，把 5 的倍数剔除掉；不断重复下去……最后留下来的就是素数（如图 10.2）。

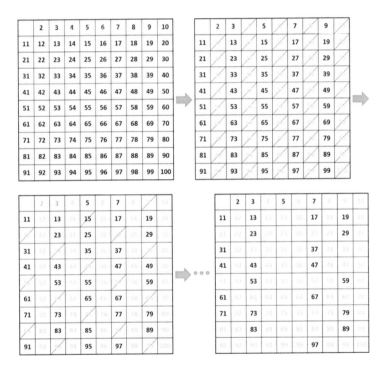

图 **10.2** 素数的筛法示意图/作者

回到前面的问题，从图 10.2 我们很容易看出，100 以内一共有 8 个素数在加 2 后仍然是素数，分别为 3，5，11，17，29，41，59，71。亦即有 8 对孪生素数，分别为 3 和 5，5 和 7，11 和 13，

17 和 19，29 和 31，41 和 43，59 和 61，71 和 73。更大一些的有
10 016 957 和 10 016 959 等。

　　题 请迅速回答：80 到 100 之间有多少素数？

　　埃拉托塞尼筛法看起来简单易行，我们可以用它找到任意上
限之内的所有素数。学过编程的读者可以很容易地 **题** 写出一个程
序来。它还有一些改进的算法。这个算法不是最优的。有兴趣的
读者需要先了解一下这方面的研究情况。

2. 孪生素数猜想

　　关于孪生素数，有一个著名的孪生素数猜想(存在无穷多个孪
生素数)，即：存在无穷多个素数 p，使得 $p+2$ 是素数。用数学式
子来表达就是：

$$\liminf_{n \to \infty}(p_{n+1} - p_n) = 2,$$

其中 p_n 是第 n 个素数。1900 年这个猜想被有数学界的亚历山大之
称的希尔伯特在国际数学家大会上正式提出来。一个多世纪以来，
这个问题引起了几乎所有数论专家的兴趣。

　　2013 年 5 月，一个惊爆数学界的消息传出，华人数学家张益
唐在这个问题上一鸣惊人，发现存在无穷多个之差小于 7 000 万的
素数对。张益唐的论文是以高斯顿、平兹和伊尔泽姆 2005 年发表
的论文为基础的。这篇论文被数论专家称为 GPY，运用他们自己
改进的埃拉托塞尼筛法，虽然没有证明素数对中两个素数的差永
远小于某个明确的数字，但是证明了素数对的差是有限的。张益
唐则在此基础上，稍加调整 GPY 的筛法，不去筛选每个数字，只
筛选那些没有大素数因子的数字。他最终给出了一个明确的差值，
从而对孪生素数猜想推进了一大步。具体地说，他证明的是：存

在无穷多个素数对相差都小于 7 000 万：

$$\liminf_{n \to \infty}(p_{n+1} - p_n) < 7 \times 10^7 。$$

张益唐因此从一个默默无闻的新罕布尔大学讲师一跃成为卓越的数学家，不断获邀去哈佛等名校演讲，还获得 2014 年度美国数学会颁发的科尔数论奖等重要奖项。有人甚至说他的这项成就超越了数学家陈景润对哥德巴赫猜想贡献的影响力。

张益唐之所以选择 7 000 万这样一个数字，不是因为他不能再改进它，而是由于他的研究条件不好，没有一台较好的计算机。他就用手算大致估计出了这样一个上限。在张益唐的结果出来之后，数学家陶哲轩开始了一个 Polymath 计划，由网上志愿者合作降低张益唐论文中的上限。截至 2014 年 7 月，即张益唐提交证明之后一年，按 Polymath8b 计划维基所宣称，上限已降至 246。虽然人们还没有得到最终的目标"2"，但正如美国解析数论专家伊瓦尼克说的，7 000 万这个具体的数并不是要点，重要的是，张益唐得到了一个上界。

题考虑这样一个问题：一对二者都小于 100 的孪生素数的和可以被 12 整除的概率是多少？Q你能把这个问题推广吗？

题最大和最小的小于 200 的三位素数是什么？Q如果让你推广这个问题，你会怎样提出问题？

Q与孪生素数相关的还有"表兄弟素数"（也称"远亲素数"，cousin prime，即两个相邻素数的差为 4）、"六素数"（sexy prime，即两个相邻素数的差为 6）、"三胞胎素数"（也称"三生素数"，prime triplet，即由三个连续素数组成的数组）、"四胞胎素数"（prime quadruplet，即符合以下形式的素数{p，$p+2$，$p+6$，$p+$

8}），π 素数（Pi-Prime），e 素数（e-Prime），易损素数（Weakly Prime），时钟素数（Clock Prime），泰坦尼克素数（Tatanic Prime），俄罗斯套娃素数（Russian Doll Prime），X^2+1 素数，费马数等。人们还不知道孪生素数、表兄弟素数和六素数是否有无穷多个，但数学家已经证明，这 3 类素数里至少有一类是无穷的。其他的，π 素数是指在圆周率的十进制表达式中的前 n 位正好组成一个素数(比如 3，31，314 159)；e 素数的定义类似(比如 2，271，2 718 281)；易损素数是指那些改变里面的任意一位数字后都不再是素数的素数(比如294 001)；时钟素数是指在表盘上按顺时针方向读到的素数(比如 23，67，89 和4 567)；泰坦尼克素数是指那些至少有 1 000 位的大素数(比如 $10^{999}+7$)；俄罗斯套娃素数是指这样的素数：去掉最后一位，剩下的部分仍然是个素数，再去掉剩下部分的最后一位，剩下的部分仍然是个素数，不断这样做下去，得到的数始终是素数(比如 2 393)。对这些特殊素数，也有许多没有解决的问题。

　　Q 张益唐是幸运的。如果你正在考虑一个世界公认的难题又一时没有思路，一般说来，要掂量一下自己的力量，不要过于钻牛角尖，投入巨大精力去研究一个自己力所不能及或不值得研究的问题。可是世界上还是有很多人因为钻牛角尖而走入死胡同。比如，著名的哥德巴赫猜想：任一大于 2 的偶数都可以表示为两个素数之和。这个问题与孪生素数猜想一样，都包含在希尔伯特在 1900 年的数学家大会上提出的第 8 个问题中。中国数学家华罗庚、王元、潘承洞、潘承彪、陈景润、丁夏畦等在这个问题上取得了可喜的突破性成果。陈景润证明了"1＋2"，即任何一个充分大的偶数，都可以表示为一个素数和一个不超过两个素数的乘积之和，被数学界称为"陈定理"，迄今为止处于国际领先地位。他的证明方法，归根结底也是改进的埃拉托塞尼筛法。

陈景润取得的这项突破因作家徐迟以此为题所撰写的报告文学《哥德巴赫猜想》传遍中国大江南北，引起巨大轰动，不但激起了中国人的民族自豪感和自信心，而且使很多人因此走上数学道路，更有甚者，以冲击哥德巴赫猜想的桂冠为毕生追求。当然，有理想、有胆识、勤努力，是为人们所乐见的，但是如果没有专门的数学训练而踏上这样一条路，却是危险的，是令我们担心和不愿目睹的。中国科学院和很多期刊社每年都会收到很多声称证明了哥德巴赫猜想的文稿，有些报纸甚至还刊登过哥德巴赫猜想为民间数学爱好者证明的消息。但来自权威的观点是，虽然这个题目一般人都能够看懂，但是这个问题的解决却需要高超的数学能力和数学思维，对于缺乏专业系统的数学训练的人是永远不能解决这个难题的。

虽然权威发出了警告，但似乎还是不能完全遏制民间数学爱好者的热情，我们只能奉劝有此志向的人士要量力而行了。

你不妨考虑一些类似的问题，例如前面提到的"三生素数"。另一个办法是考虑一种减弱的命题。1940 年，埃尔特希证明，存在一个正常数 $C<1$ 和无穷多素数 p 使得 $(p'-p)<C\cdot\ln p$，其中 p' 是 p 后面的下一个素数。这实际上是一种减弱的孪生素数问题。2005 年，人们发现，这个常数 C 可以任意小。当然喜欢挑战的人也可以尝试证明更强或更为广泛的命题，从而解决原来的命题。例如数学家维尔斯就是证明了比费马大定理更广泛的命题，从而完成了费马大定理的证明。

3. "埃拉托塞尼筛法"雕塑

在斯坦福大学有一个坎特视觉艺术中心（Cantor Center for Visual Arts，原名为利兰·斯坦福青年博物馆，如图 10.3），初建于 1891 年，是斯坦福夫妇为纪念其唯一的儿子建造的博物馆。它的周围有很多雕塑值得一看，特别是在博物馆南面的"罗丹雕塑园"（Rodin Sculpture Garde）里有很多罗丹的原作。

图 **10.3**　斯坦福大学坎特视觉艺术中心 /作者

2013 年，博物馆的北面正在扩建安得森画廊（Anderson Gallery）。那里矗立着唯一一个不锈钢雕塑，有 7 m 高，呈马自达红色，在绿树的衬托下显得格外耀眼（如图 10.4）。工字钢架上可以清晰地看到硕大的铆钉，给人以工程建筑的感觉。同去的朋友是一位喜爱艺术的青年企业家。跟着他换了一个角度，一个"0"和一个"1"马上清晰地呈现在眼前。

这个艺术品的名字叫"埃拉托塞尼筛法"，1999 年建造，是苏维洛的作品[①]。苏维洛于 1933 年出生在上海的一个意大利军人家庭，1941 年移居旧金山，是目前美国重量级的雕塑家之一，以专长巨型雕塑闻名。

苏维洛的这个"埃拉托塞尼筛法"反映了他对古代文明成就的兴趣和崇敬。埃拉托塞尼是古希腊数学家、地理学家、历史学家、诗人、天文学家。他的主要贡献是设计出经纬度系统，计算出地球的直径。

图 **10.4** 斯坦福校园内的钢雕：
Sieve of Eratosthenes/作者

寻找素数的筛法应该算是一个次要的成就。他最后是在失明后绝食而死，甚为可惜。因为这个作品是摆设在斯坦福这样一所大学校园里，所以用这样一个古代数学算法来命名就显得特别恰当。注意雕塑中的"0"和"1"是一种互动的形态，也许作者想用这个形态来表现筛选的动态过程？如果站在它的下面抬头看，也可以看到经纬结构：两个互成 $90°$ 角的 1/4 圆弧。

虽然这个作品的名字很容易让人联想到埃拉托塞尼对素数的研究，其实这个作品还容易让我们联想到埃拉托塞尼测量地球周长的事迹。原来，古希腊人早就知道地球是圆的。大约公元前 240 年，埃拉托塞尼决定要测量出地球的周长。当时他居住在亚历山

①　已经移到校园东区迈耶图书馆前。

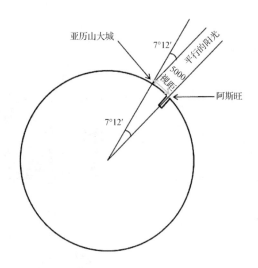

图 **10.5**   埃拉托塞尼测量地球周长的示意图 /作者

大港与赛印（现在埃及的阿斯旺）之间。他假定太阳离地球足够远，所以假定光线到达地球是平行的。正好在每年夏至那天，阳光可以到达阿斯旺的一口深井的井底，也就是说，太阳正好在阿斯旺天顶的位置。他在同一天测量了亚历山大城里一个方尖石塔投下影子的长度，计算出了这个时候太阳在亚历山大的天顶以南 $7°12'$。因此，他推断出亚历山大港到阿斯旺的距离一定是整个地球圆周的 $7°12'/360°$。他从商队得知两个城市间的实际距离大概是 5 000 视距（stadia，又译作"斯塔德""斯泰特"）。他最终确立了 700 视距为一度。从而得出地球圆周为 252 000 视距。用现代的度量来看，大约是39 690 km到46 620 km。这与地球经过两极的实际周长 40 008 km 非常接近。不知道这样的联想是否符合艺术家的原意？

有意思的是，苏维洛的这个作品是献给著名比较法学家、斯坦福大学斯韦策荣誉退休讲座教授及艺术系荣誉退休教授梅利曼的，为的是表彰他对艺术和文化财产法的贡献。于是，我们看到，这个作品竟然融汇了数学、地理、历史、法律、工程等多方面的内容。这样的结果是没有人能一眼就能看到的。这正是重量级雕塑家的重量所在。

4. 最后几句话

有很多与素数有关的数学猜想，而且一般都只需要初等数学的知识就能看懂这些问题。国人比较熟悉的有本章提及的哥德巴赫猜想和孪生素数猜想等。在民间存在很多非专业的数学爱好者在试图解决这类问题，而且经常听到有些人宣布他们已经解决了某某猜想，进而抱怨不被数学界重视。我们不能说，这其中没有真正解决了某个问题的业余数学家，但通常情况下，他们的证明都是不严谨的，专业数学家很容易找出他们的错误。我们再次申明不推荐读者在这些猜想上花大的工夫。

参考文献

1. 潘承洞，潘承彪. 哥德巴赫猜想. 北京：科学出版社，1981.

2. 王元. 王元论哥德巴赫猜想. 济南：山东教育出版社，1999.

3. 王元. 华罗庚(修订版). 南昌：江西教育出版社，1999.

4. 李大潜，主编，邱维元，副主编. 十万个为什么(数学卷，第六版). 上海：少年儿童出版社，2013.

5. 张英伯，刘建亚. 渊沉而静 流深而远——纪念中国解析数论先驱闵嗣鹤先生. 数学文化，2013，4(4)：3—15；2014，5(1)：3—21.

6. 汤涛. 张益唐和北大数学 78 级. 数学文化，2013，4(2)：3—20.

7. Maggie McKee. First proof that infinitely many prime numbers come in pairs, Nature. 2013 年 5 月 14 日.

8. T. Tao. Polymath proposal：bounded gaps between primes. 2013 年 6 月 4 日.

第十一章　把莫比乌斯带融入生活中

生活是一种艺术，艺术存在于生活中。以"冷美人"著称的数学，在生活中亦不乏灵动而鲜活的美，一如我们将要奉送给大家的莫比乌斯带（Möbius strip，有时也被译为默比乌斯带），每当在生活的某个角落与它不期而遇，总会让人惊艳、震撼和流连。

1. 单面单边的莫比乌斯带

是什么样的数学结构具有如此大的魅力呢？原来莫比乌斯带的奇妙之处就在于，它是三维欧几里得空间中的一种奇特的二维单面环状的拓扑结构，是一种不可定向的曲面。它最突出的特点是只有一个面和一个边界（如图

图 **11.1**　莫比乌斯带/维基百科

11.1）。通俗地说，如果先把一个纸条转动 180°，然后把纸条的两端粘接起来，就形成一个纸条圈，这个纸条圈就是一个真真切切的莫比乌斯带。它和普通的纸条圈最大的不同就是只有一个面和一个边界，而普通的纸条圈有两个面和多个边界。

许多数学上的拓扑结构是只能想象而不能在三维空间实现的。但莫比乌斯带不同，它用一个面和一个边界续写了拓扑学的神奇，不但是拓扑学课程里必用的经典例子，而且即使一个小学生也可

以轻而易举地做出一个莫比乌斯带。
学过解析几何的读者可以得到它在 O-
xyz 空间直角坐标系中的参数方程（如
图 11.2）：

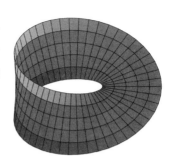

$$x(u,v) = \left(1 + \frac{v}{2}\cos\frac{u}{2}\right)\cos u,$$

$$y(u,v) = \left(1 + \frac{v}{2}\cos\frac{u}{2}\right)\sin u,$$

图 **11.2**　用参数方程生成的
莫比乌斯带/维基百科

$$z(u,v) = \frac{v}{2}\sin\frac{u}{2}。$$

在柱坐标系中，它可以用下式表示：

$$\lg r\sin\frac{1}{2}\theta = z\cos\frac{1}{2}\theta。$$

　　在实际生活中，莫比乌斯带有时会有令人意想不到的神奇效
果。美国物理学家费曼在和他的第一任妻子阿琳谈恋爱时就有一
段与它有关的故事。当时，阿琳在学习哲学，无法理解笛卡儿从
"我思故我在"出发是怎样证明上帝存在的，所以学习起来并不轻
松。费曼英雄救美，先把哲学批判了一番，然后做了一个莫比乌
斯带纸条，让她带着它去找她的哲学老师。结果可以想见，这个
纸条把老师常常挂在嘴边的"每个问题都有两面，就像每张纸都有
两面"给推翻了。不过，我们还是告诫读者不要像费曼那样去冒犯
老师。

2. 两位主角：奥古斯特·莫比乌斯与李斯廷

　　和很多数学史上精彩的故事一样，莫比乌斯带的主角有两位。
他们都是德国数学家，且都是高斯的学生。

一位是大家熟知的奥古斯特·莫比乌斯(以下简称莫比乌斯)。莫比乌斯 1790 年 11 月 17 日出生在玛瑙堡附近的休普福特。母亲是宗教改革领袖路德的后裔,父亲约翰·莫比乌斯是一个小镇上的舞蹈教师,他在莫比乌斯 3 岁时逝世,莫比乌斯随后由叔父抚养成人。他自幼喜爱数学。1809 年入莱比锡大学学习法律,后来改学数学、物理学和天文学。1813 年跟随普法夫和高斯师徒学习数学和天文学。1814 年获得博士学位。1829 年当选为柏林科学院通讯院士,1844 年任莱比锡大学天文与高等力学教授。1848 年任莱比锡大学天文台台长。近代以来,巴黎科学院、柏林科学院以及圣彼得堡科学院等经常悬赏提出一些问题,激励科学家们竞猜,而莫比乌斯带就是莫比乌斯 1858 年为回答巴黎科学院悬赏征答多面体几何理论时发现的,对拓扑学产生了深远影响。莫比乌斯还是第一位提出"带方向的线段"也就是我们现在所说的"向量"的概念,可惜当时没有引起人们的注意。除了莫比乌斯带,还有很多数学名词以他的名字命名,比如莫比乌斯变换、莫比乌斯函数、莫比乌斯反演公式等。1868 年 9 月 26 日,78 岁的莫比乌斯在他成长和奋斗的地方莱比锡逝世。

图 **11.3** 莫比乌斯和李斯廷/维基百科

另一位是李斯廷，他 1808 年 7 月 25 日出生于德国西部美茵河畔的法兰克福。1847 年成为哥廷根大学的教授。可能普通大众对他有些陌生，其实正是他首次把拓扑学这个术语引入数学的，对拓扑学的贡献很大。他在 1847 年发表的《拓扑学初步》中用到这个词，实际上在更早的通信中已经用过了。他本想把拓扑学这个学科称为位置几何学，但已经被别人抢先用来指射影几何学了，所以就引入了与地形（Topographie）一词相近的 Topologie 来表示这个与地形有些类似的学科。拓扑学中有以他名字命名的李斯廷数。他和莫比乌斯在 1858 年分别独立发现了单侧曲面，在历史上共享发现的荣誉，但不知何故，李斯廷似乎成了莫比乌斯带的一个配角，因为毕竟这种结构最终以莫比乌斯命名，这种历史的不公就这样让莫比乌斯先入为主并更多地闯入大众视野了。

3. 莫比乌斯带与艺术

莫比乌斯带的传奇还自然而然地延伸到数学之外，渗透进生活中，为许多具有数学修养的艺术家提供了灵感和创作的欲望。

如果哪位朋友有机会到我家里做客，一定可以看到在客厅里的埃舍尔画册。其中一幅 1963 年的木刻作品"红蚂蚁"（Red Ants，如图 11.4）是我的最爱。无疑这是艺术化了的莫比乌斯带。说到莫比乌斯带，埃舍尔表示他是在 1960 年受到了一位英国数学家的启发，而那时他"对这个东西还几乎一无所知"。但他一经了解后，就立即抓住了它的精髓，并在艺术的天地里充分发挥。埃舍尔的作品以不可能的矛盾空间著称，但这个作品是完全有可能的。这是他的第 2 幅莫比乌斯带作品，所以也称为"莫比乌斯带之二"（Möbius Strip Ⅱ，1963 年）。即使在他还没有接触到莫比乌斯带

的概念的时候，他就已经开始隐隐约约在做一种尝试，他的作品
"骑士"（Horseman，1946 年）和"缠着魔带的立方体"（Cube with
Magic Ribbons，1957 年）已经在体现莫比乌斯带的思想了。"纽
结"（Knots，1965 年）则是在他学习了莫比乌斯带之后的作品。显
然他已经在探索着推广莫比乌斯带的思想了。纵观其绘画特点，
他是把三维空间可实现或不可实现的对象映射到二维空间去实现，
以达到视觉上的效果。这一点与数学家是不同的。他从艺术上通
过降低维数来挖掘视觉的潜力，而数学家则是从抽象思维上通过
增加维数来发挥想象的空间。这一点表现了艺术和数学的互补。
20 世纪 60 年代初期，埃舍尔开始对无限循环楼梯产生了兴趣，因
此诱发了许多特别著名的作品，他的创作在这个时期达到了顶峰。
后来他的健康恶化并最终于 1972 年 3 月 27 日与世长辞。

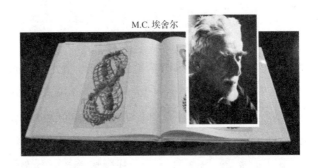

图 **11.4**　埃舍尔和他的木刻"红蚂蚁"/图书截图

　　在对埃舍尔赞叹之余，我们不妨看看布拉格的街头艺术（如图
11.5）。设计师把马路想象成了莫比乌斯带，不得不佩服捷克人的
数学素养。把马路想象成莫比乌斯带的艺术发挥并非仅此一例，
我们在第七章（"漫画和数学漫画"）中介绍了一个莫比乌斯带漫画
作品，描述的是道路旁停车之难。

图 11.5　布拉格的街头艺术/维基百科

　　生活中的数学随处可见，有些人把数学符号印在 T 恤衫上，不管它多么与众不同，似乎都已经不能算是灵感了。但 Höweler＋Yoon Architecture 工作室有一个女士服装作品，它的设计概念从数学角度来讲堪称一绝。一方面它借用了莫比乌斯带的思想而成为一件没有里外之分的服装；另一方面它又坚持了传统服装中的里外结构，甚至给人一种双层套服的感觉。因为莫比乌斯带是单面的，单边的，无固定方向，所以衣服的材质也无层次，无翘曲，无纬线。它的两位设计师豪沃拉和米津·尹分别是哈佛大学和麻省理工学院的教授，同时又都是成功的设计大师。服装设计不是他们的专长，但偶尔趟一次水就让人眼前一亮。

　　德国雕塑家埃利亚松根据莫比乌斯带，在 2004 年完成了一个雕塑"无穷楼梯"（Infinite Stairs，如图 11.6）。乍一看，它似乎有些华而不实，但仔细端详，就会嗅到它浓烈的数学味道，只不过它脱去了数学严肃的外衣，散发着迷人的现代感。这样一件数学与艺术的结晶，也许应该安放在某家数学研究院的庭院里，或者作为一个艺术馆的镇馆之作也不为过，谁能料到，它坐落在慕尼黑的一家国际会计公司毕马威会计事务所（KPMG）呢？

图 **11.6**   无穷楼梯/维基百科①

图 11.7 所示吊灯竟然被做成了一个莫比乌斯带。设计者是尼尔。事实上，他的作品都具有流线型，很有特色，很数学。

————————

①   此作品由 Oliver Raupach 提供授权。

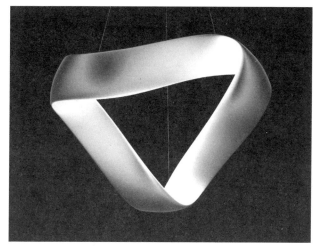

图 11.7　莫比乌斯带吊灯 /尼尔①

　　还有一些莫比乌斯带形状的首饰（如图 11.8），女数学家们会不会称心如意，优先选择佩戴这样的首饰呢？男数学家会不会选择这样的订婚戒指送予未婚妻，永许痴心呢？

图 11.8　莫比乌斯带形状的首饰 /Ruth of Michigan 和 nikkichi10 /imgur

①　此作品由尼尔授权。www.brodiencill.com.

这个小小儿童游乐园是一个很聪明的莫比乌斯带（如图 11.9）。初看时还让人怀疑这怎么能成为单面呢？原来它有一半留在了地下，也留给人们空间去尽情想象。

图 **11.9**   莫比乌斯带形状的儿童游乐园/维基百科

荷兰的 Next Architects 建筑事务所因在中国长沙设计一条人行天桥而荣获国际比赛一等奖，它的设计恰恰是基于莫比乌斯带（如图 11.10）。修建于长沙这个现代化生态之大都城的梅西溪湖，有 150 m 长，24 m 高，有不同景观的高低不同的道路。设计师们并不是心血来潮，因为他们曾为阿姆斯特丹设计过一座行人桥"Melkwegbridge"，鹿特丹的"The Elastic Perspective"也是他们的杰作。从 2014 年开始在长沙修建这座桥。2015 年 1 月，他们已经建成了这座桥的主要结构。联想到 2010 年上海世博会的湖南馆主体建筑就曾设计成了莫比乌斯带，是不是湖南与莫比乌斯带有某种特殊的情缘呢？

图 11.10　长沙莫比乌斯带人行天桥／Next Architects

　　莫比乌斯带也经常出现在科幻小说、电影和诗歌中。这方面的例子不胜枚举，比如，杜特斯克的短篇小说《一个叫莫比乌斯的地铁站》，其中为波士顿地铁站规划了一条新的行驶线路，整条线路依照莫比乌斯带的方式扭曲，驶入这条线路的火车都会消失得无影无踪。

　　莫比乌斯带不但为艺术家提供创作灵感，而且也用于工业制造。比如，一种从莫比乌斯带得到灵感的传送带更加耐用，因为可以更好地利用整条带子，避免普通传送带单面磨损的情况；如果环绕式录音磁带设计成莫比乌斯带，就可成倍增加录音和播放时间。

4. 自己动手

　　先给喜欢美食的读者一个惊喜：莫比乌斯带幸运果（如图

11.11）。这是考据癖博客上的作品，作者给出了每一步制作过程。可以知道，她是一位很热爱生活的人。下面我们还要介绍她的另一个作品。

图 **11.11**   莫比乌斯带幸运果 /考据癖

莫比乌斯带已经够神奇的了，但下面的莫比乌斯带齿轮则更上一层楼（如图 11.12）。

图 **11.12**   莫比乌斯带齿轮 /胡佛

上面的莫比乌斯带齿轮是加州大学伯克利分校的机器人专业大学生胡佛的杰作。有一次他看到一个类似的动画视频，于是坚信自己能利用三维打印机做出一个实物来。其中的白色的齿轮就是莫比乌斯带，用硅橡胶材料制成。无论你的想象中怎么把它看成是双面齿轮，它都是一个单面齿轮。深色的齿轮扭转了两次，不知道胡佛使用了什么神奇的力量，竟然用一些小的蓝色齿轮将这一个扭转一次的莫比乌斯带齿轮和一个扭转两次的外层齿轮衔接到了一起。胡佛还慷慨地公布了他的全部制作细节。

自学 3D 模型打印的英国人保罗·金用滚珠制作了莫比乌斯带吊坠（如图 11.13）。每个零件都是用 3D 打印机打印出来的。他显然非常得意这个作品，以至他在自己的博客"stop4stuff"的头像就用了这个作品。下面是社交网站上另一个类似的作品。

图 11.13　莫比乌斯带吊坠/保罗·金

里普森是一个乐高迷，创作了大量的乐高作品，其中一部分是数学模型，包括莫比乌斯带。

一个莫比乌斯带能有这么多花样，这可能是读者没有想到的吧。最后我们再介绍一个花样：莫比乌斯带上的悬浮磁体（如图 11.14）。在这个实验中，一个低温超导体放在一个强磁场莫比乌斯带轨道上。这里面有许多有趣的物理现象。

图 11.14　视频截图：莫比乌斯带上的悬浮磁体 /英国皇家学会

我们自己也可以做出很多东西来。先把纸条粘成一个莫比乌斯带，然后只要一个纸条、一把剪刀和一支彩笔就可以开始了。

先想一想，如果我们沿着一条带的中线画一条线，我们会得到什么图？如果沿着这条线剪开，我们会得到几条带子，几个边？如果我们沿着莫比乌斯带在三分之一宽处剪开，我们又会得到几条带子，几个边？类似的问题可以有很多。有人还做出了一对套扣的心形莫比乌斯带（如图 11.15）。

图 11.15　视频截图：心形莫比乌斯带 /视频

截图，Science，Optical Illusions and more

考据癖给过一道纯粹数学的题目，能否把两颗心连续地变到一起（如图 11.16）。

图 11.16   把两颗心连续地变到一起/考据癖

答案是肯定的。注意这是在拓扑变换意义下进行的操作。这算是给出了连心的另一个思路。考据癖博客的主人是一位"85 后"计算机专业毕业生,她的这道题源自于顾森的一篇博文"5 个有趣的拓扑变换问题"。

有数学思想的商人也会把莫比乌斯带用到商业中。下面是现居英国的澳大利亚喜剧演员兼数学科普作家看到的一个用金枪鱼罐头垒成的莫比乌斯带(如图 11.17)。

图 11.17   用金枪鱼罐头垒成的莫比乌斯带

题 2014 年 20 国集团峰会在澳大利亚召开。它的会标像是一条飘逸的丝带在平面的投影（如图 11.18）。这样的投影叫作"等角投影"（isometric projection）。读者是否有兴趣将莫比乌斯带的等角投影画出来？

图 **11.18**　20 国集团会标(2014 年)

单面的曲面不止有莫比乌斯带。加拿大艺术家吉本斯发表了一种方法，能生产无穷多的单面曲面。他把这个方法称为"元莫比乌斯过程"（Metamobius process）。用这个过程生成的曲面就叫作"元莫比乌斯曲面"。好莱坞艺术家鲍德温用 156 条莫比乌斯带组合到一起，然后用 3D 打印机打印出一个叫作"极大莫比乌斯"（Mobius Maximus）的作品，应该是一个很好的收藏品。艺术家在莫比乌斯带上做足了创作，也说明现代艺术家对数学修养的要求越来越高。

Q 如果将三维空间中的莫比乌斯带推广到四维中，我们就得到克莱因瓶。这是第十二章"克莱因瓶不仅存在于数学家的想象中"将要介绍的。二者的共同点是无定向性，但我们将会看到莫比乌斯带有边而克莱因瓶无边。

管克英教授讨论了莫比乌斯带与纽结理论和动力系统的联系。

莫比乌斯带的制作主要是粘贴。在"克莱因瓶不仅存在于数学家的想象中"里有一个示意图。我们在第六章"调音器的数学原理"里还有一个粘贴莫比乌斯带在音乐理论中的应用。

有人说,生活的理想是为了理想的生活。其实,生活的艺术又何尝不是艺术的生活呢?美化和丰富生活的艺术家们从莫比乌斯带寻求到了创作的灵感,展现了数学与艺术相结合的神奇魅力,亦为我们带来了美的体验和享受。

参考文献

1. 李大潜,主编,邱维元,副主编. 十万个为什么(数学卷,第六版). 上海:少年儿童出版社,2013.

2. 梁进. 世界名画中的数学 20—易维 c. http://blog. sciencenet. cn/blog-39446-815454. html.

3. Clifford A. Pickover, The Möbius Strip: Dr. August Möbius's Marvelous Band in Mathematics, Games, Literature, Art, Technology, and Cosmology, Thunder's Mouth Press, 2005.

4. 杜瑞芝,主编,数学史辞典. 济南:山东教育出版社,2000.

5. Twin Rail Mobius-Reloaded. 3D Stylee. http://stop4stuff. blogspot. com/2011/02/twin-rail-mobius-reloaded. html.

6. Phil Plait. Watch a Levitating Magnet Sail Around a Möbius Strip! http://www. slate. com/blogs/bad _ astronomy/2013/07/12/m _ bius _ magnet _ video _ of _ a _ magnet _ floating _ around _ a _ m _ bius _ strip _ track. html.

7. Ulrich L. Rohde, Ajay K. Poddar. Möbius Strips and Metamaterial Symmetry: Theory and Applications, Microwave Journal. http://www. microwavejournal. com/articles/23303-mbius-strips-and-metamaterial-symmetry-theory-and-applications.

8. 管克英. 莫比乌斯带、纽结与空间极限环的倍周期分叉——研究进展. http://blog. sciencenet. cn/blog-553379-884793. html.

第十二章　克莱因瓶不仅存在于数学家的想象中

数学是永无止境的，艺术也是无穷无尽的，它们在生活中交融和碰撞，以最美的姿态呈献给世人，而创造它们的人，似乎也只有在更高更难的艺术追求中，才能更多地体味到创造的愉悦和生活的甜蜜。莫比乌斯带的震撼言犹在耳，克莱因瓶就不甘寂寞地粉墨登场了。

1. 从莫比乌斯带到克莱因瓶

前面，我们讲了一些关于莫比乌斯带的故事。莫比乌斯带是一种奇特的曲面，但它又相对直观，任何人都可以制作出来。下面要讲的克莱因瓶则是一个不那么直观的故事，但其思想却是从莫比乌斯带发展而来的。由此我们也可以看到数学家们的一些研究思路。

从专业数学的角度来讲，克莱因瓶就像莫比乌斯带一样，是一种无定向性的平面，没有"内部"和"外部"之分。但不同的是，克莱因瓶是一个闭合的曲面，也就是说它没有边界。莫比乌斯带可以嵌入到三维或更高维的欧几里得空间中，克莱因瓶在三维空间中只能做出"浸入"模型（允许与自身相交）。也就是说，在我们生活的三维世界里，克莱因瓶是不可实现的，必须到四维空间或更高维空间去实现它。这就好比在二维空间里的莫比乌斯带，它只有到三维空间里才能实现黏合。如果你不能想象这个情景的话，不妨想象一下生活在二维平面上的并被限制在一个封闭的圆圈里的一只蚂蚁。只有到三维空间里才能想象得出，这只蚂蚁跳出圆圈的唯一办法是进入三维空间。

如果我们把两条莫比乌斯带沿着它们唯一的边黏合起来，就得到一个克莱因瓶。当然，必须在四维空间中才能真正有可能完成这个黏合，否则就不得不把纸撕破一点。同样地，如果把一个克莱因瓶适当地剪开来，就能得到两条莫比乌斯带。

形象地说，克莱因瓶的结构非常简单，瓶子底部有一个洞，延长瓶子的颈部，并且扭曲地进入瓶子内部，然后和底部的洞相连接，与水杯不同，它没有"边"，表面不会终结，也与气球不同，一只苍蝇可以不用穿过表面就从瓶子的内部直接飞到外部（如图12.1）。

图12.1中的克莱因瓶实际上是四维空间中的克莱因瓶在三维空间中的"浸入"（Immersion）。这已经是微分流形的范畴了。在"浸入"的意义上，克莱因瓶还有另一种表现形式：一个8字形的环面（如图12.2）。这个环面被称为"克莱因面包圈"（Klein bagel）。

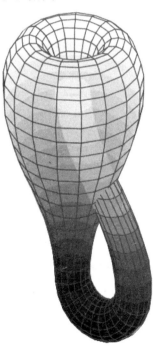

图 **12.1**　克莱因瓶/维基百科

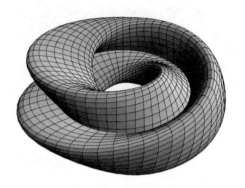

图 **12. 2**　克莱因瓶的 8 字形浸入 / 维基百科

2. 克莱因瓶的发现者克莱因

图 **12. 3**　克莱因 / 维基百科

　　据说，克莱因瓶的名称源自德语中的 "Kleinsche Fläche"（克莱因平面），后来被误解为 "Kleinsche Flasche"（克莱因瓶），其英文名称则译为 "Klein bottle"。话说从外观上来看，克莱因瓶确实像个瓶子，所以这种误解似乎并不是无本之木或空穴来风。同莫比乌斯带一样，它也是为纪念其发现者德国数学家克莱因而命名的。

　　克莱因生于德国杜塞多夫。关于他的生日有一个传说，他自称他的生日是 43^2 年 2^2 月 5^2 日。中学毕业后，进入波恩大学学习数学和物理。他本想成为物理学家，但在数学家普吕克的引领下，开始走上数学的道路，并在 1868 年获博士学位。同年，他的老师普吕克不幸去世，他继续完成老师遗留的几何基础问题。

他喜欢多方游学，因此结识了很多数学大家。1869 年，初到哥廷根大学随克莱布什学习。后来转道柏林向库默尔、魏尔斯特拉斯、克罗内克等数学家求教，并开展了几何学、数论、函数论、不变式论等方面的研究。碰巧与同样来此地的索菲斯·李相识，结伴游学巴黎，从而结识了达布、约当等数学家，其中，约当在 1870 年发表的《变换群》对他们产生了重要影响。克莱因返回德国后，1871 年即发表了从射影几何学的观念出发综合表述非欧几何的研究。同年，受哥廷根大学的邀请担任数学讲师。

但很快，1872 年，他就被爱尔兰根大学聘任为数学教授，年仅 23 岁。按照惯例，他要进行一次就职演说，于是有了后来闻名遐迩的《爱尔兰根纲领》。他阐述了几何学统一的思想：所谓几何学，就是研究几何图形对某类变换群保持不变的性质的学问。实现了在群的观念下，把当时已有的看起来彼此毫无关系的几何学进行统一和分类。虽然当时的黎曼空间没有被囊括在内，但其思想仍对以后数十年间几何学的发展有极大影响。

1882 年，他想象出了奇特的克莱因瓶（如图 12.4）。

1886 年，受哥廷根大学的邀请，他重返哥廷根任教授，直到 1913 年退休，再也未曾离开。他在哥廷根发挥了巨大的作用，不仅致力于数学研究，而且热心数学教育改革，是一位杰出的科学组织者。在他的努力之下，以及随着希尔伯特与闵可夫斯基相继于 1895 年和 1902 年来到哥廷根大学，哥廷根大学成了名副其实的世界数学研究中心。他把《数学年刊》办成了一份顶级杂志，赶超了著名的《克雷尔杂志》。其主要著作有《自守函数论讲义》《高观点下的初等数学》《十九世纪数学发展史》等。他的论文收集在1921～

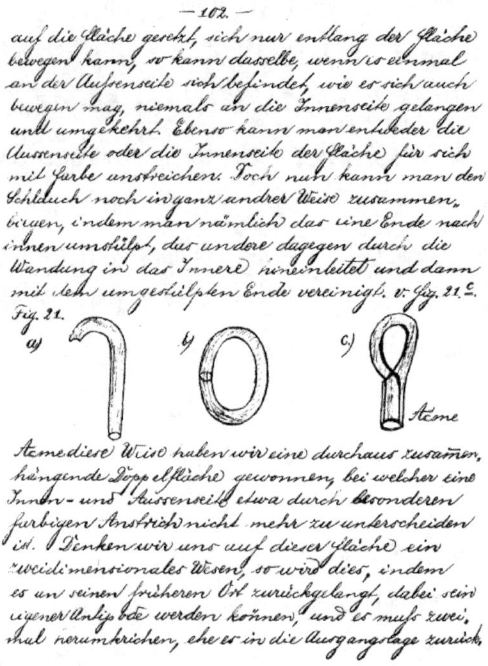
— 102. —
auf die Fläche gesetzt, sich nur entlang der Fläche
bewegen kann, so kann dasselbe, wenn es einmal
an der Aussenseite sich befindet, wie es sich auch
bewegen mag, niemals an die Innenseite gelangen
und umgekehrt. Ebenso kann man entweder die
Aussenseite oder die Innenseite der Fläche für sich
mit Farbe anstreichen. Doch nun kann man den
Schlauch noch in ganz andrer Weise zusammen-
biegen, indem man nämlich das eine Ende nach
innen umstülpt, das andere dagegen durch die
Wandung in das Innere hineinleitet und dann
mit dem umgestülpten Ende vereinigt. v. Fig. 21 c.
Fig. 21.
a) b) c) Atme
Atme diese Weise haben wir eine durchaus zusammen-
hängende Doppelfläche gewonnen, bei welcher eine
Innen- und Aussenseite etwa durch besonderen
farbigen Anstrich nicht mehr zu unterscheiden
ist. Denken wir uns auf dieser Fläche ein
zweidimensionales Wesen, so wird dies, indem
es an seinen früheren Ort zurückgelangt, dabei sein
eigener Antipode werden können, und es muss zwei-
mal herumkriechen, ehe es in die Ausgangslage zurück.

图 **12.4** 克莱因的手稿

1923 年出版的 3 卷本全集中。1885 年，他当选为英国皇家学会的国外会员，并获得科普勒奖金。1912 年当选为国际数学教育委员会主席。

3. 克莱因瓶与艺术

虽然克莱因瓶在我们生活的三维空间中不能实现，但是仍然有不信邪的人要搞出一个名堂来。当然利用克莱因瓶的思想创作出一些艺术品是完全可以的。若允许它和自身相交，便衍生了很多应用。一个台湾研究生甚至还写了一篇名为“克莱因瓶的制作及在现代生活中的应用"的硕士论文。一个美国人申请了一个"单面饮料容器"（One-sided beverage vessel）的专利而且居然被批准了！此人现在大概会沮丧至极，因为没有付费而使专利以失效告终。

与莫比乌斯带一样，源于克莱因瓶的设计给人以震撼心灵的美。耳听为虚，眼见为实。下面我们就带大家一起欣赏几款有关它的设计。

图 12.5 所示的这款由硼砂玻璃做成的酒瓶，就是一款源于克莱因瓶的 Acme 克莱因瓶酒瓶，由克里福德·斯托尔设计，耗时 5 年才制作成功。由于没有专门排放空气的地方，酒往下走，气往上冒，所以往里装酒和往外倒酒都很慢，清洗起来也格外困难，几乎没有多少实用价值，但却是很好的艺术品，具有观赏价值。

图 **12.5** Acme 克莱因瓶酒瓶
（克里福德·斯托尔制作）/
flickr, Micah Elizabeth Scott

斯托尔多才多艺，曾经设计抓获一名侵入美国国家实验室的克格勃黑客。他制作克莱因瓶是在 1995 年。当时他帮一位朋友制作一个实验瓶。朋友要付钱的时候，他说不用付钱了，咱们还是做一个克莱因瓶吧。做成之后，他跑到加州大学伯克利分校数学系，对那里的拓扑学家炫耀。拓扑学家立即认出来，并要求买下。多少钱呢？斯托尔说，一百块吧。对方毫不犹豫开始掏钱。于是斯托尔意识到，这是一笔可以赚钱的生意，但他必须能批量生产，而他现在做出一个就用了两三天的时间，还需要想办法。他后来与玻璃制品厂家联系，生产了一大批克莱因瓶，价钱从 29 美元到 18 000 美元不等，都存在他家的大约只有一米高地下室里。他还专门制作了一个机器人，代替他在地下室里取货。

罗伯特·朗创作了一个折纸克莱因瓶。斯托尔非常欣赏它，并把照片放在了他的克莱因瓶网站上。我们在"现代折纸与数学"一章里专门介绍罗伯特·朗博士。

克莱因瓶还与莫比乌斯带一样，受到建筑师的青睐。由澳大利亚"McBride Charles Ryan"建筑师事务所设计并建造了一栋钢架结构别墅，由水泥和金属材料等建成，位于澳大利亚摩林顿半岛。它曾获 2009 年度世界建筑节"最佳住宅"提名奖。设计师当初设想能够在房子中央建造一个小院子，以保证整栋房屋有良好的通风效果。克莱因瓶给了他设计灵感，从而实现了初衷。有人说，建筑是凝固的音乐，若如此，这个建筑则是吟哦着克莱因瓶的曲调。

图 12.6　克莱因瓶开瓶器 / 芭丝谢芭·格罗斯曼

　　图 12.6 所示的带镂空花纹的铜制开瓶器也是依据克莱因瓶的原理制成的，叫作克莱因瓶开瓶器。是不是很精致呢？如果拿在手上，慢慢开启瓶子，是不是多了一份感官享受和艺术体验呢？作者芭丝谢芭·格罗斯曼是学雕塑的，但是她创作出了很多极具数学含义的雕塑作品，克莱因瓶开瓶器只是其中之一。[题]建议读者到她的网站(http://www.bathsheba.com/)上浏览一下。

　　下面是一个毛线织出来的克莱因瓶(如图 12.7)。是由匿名人士上传到美国社交网站上的。互联网上还有许多类似的作品，但这是最有示意性的一幅图片。Acme 提供了一个与克莱因瓶针织帽子配套的莫比乌斯带围巾，想必戴起来颇有数学家的味道吧。

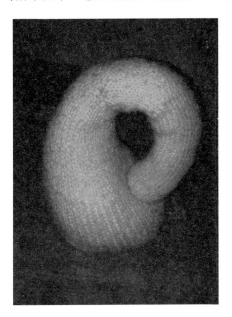

图 **12.7**　针织克莱因瓶/网络

希思创作了一幅漫画"克莱因瓶回收中心"(Recycling Center

for Klein Bottle)。当然，他的这幅漫画其实是"两幅画"，因为克莱因瓶是数学家想象出来的。从漫画中可以看到，一位绅士抱着一袋克莱因瓶走进"克莱因瓶回收中心"，却发现他永远走不到头。美国人的浪费是惊人的。单是塑料矿泉水瓶每天就会被丢弃 3 000 多万个。1971 年俄勒冈州率先立法回收空瓶子。1986 年加州也通过了类似的法规。还有其他一些州跟进。虽然他们浪费惊人，回收方面的努力也给人深刻的印象。在加州，现在回收空瓶的中心很多，许多美国人把空瓶子攒起来拿到那里去卖，一般是 5 美分一个。这幅漫画就源于此情此景。

4. 动手制作一个克莱因瓶

Q 能否像制作莫比乌斯带那样动手粘贴出一个克莱因瓶呢？

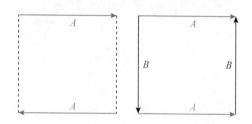

图 **12.8**　莫比乌斯带和克莱因瓶的粘贴 /作者

图 12.8 左面的图是莫比乌斯带粘接的示意图，右面的图是克莱因瓶粘接的示意图。如果发现右图不容易理解，先看看左边莫比乌斯带粘接的示意图。图中的虚线代表不粘接的边，相对的两个 A 边和两个 B 边分别按箭头所指方向粘接。这两张图实际上已经为我们揭示了莫比乌斯带和克莱因瓶的关系，那就是，我们可以从克莱因瓶剪切得到两个莫比乌斯带。题 请读者通过图 12.9 想象

一下。加德纳在 1984 指出，克莱因瓶也可以剪切出一个莫比乌斯带。

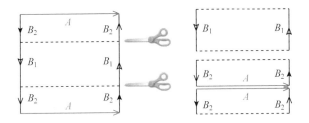

图 **12.9** 从克莱因瓶剪切得到两个莫比乌斯带 /作者

　　与莫比乌斯带一样，我们也可以得到克莱因瓶的函数表达式，但是它的方程需要用到 4 个参数。布兰戴斯大学数学家帕勒和艺术家贝纳德合作，用计算机软件 3D-XplorMath 生成了 5 个数学模型（如图 12.10），其中之一是克莱因瓶。另外的 4 件是：最小曲面"对称 4-悬链曲面"（the Symmetric 4-noid）、双曲几何学中的"呼吸子曲面"（the Breather Surface）、不可定向的"博亦曲面"（the Boy's Surface）、Sievert-Enneper 曲面（the Sievert-Enneper Surface）。我

图 **12.10** 数学与艺术的结合：5 个数学模型 /帕勒，贝纳德

们看到的似乎是 5 件放在玻璃书桌上的艺术品。请问读者：你是否能从中挑出克莱因瓶？

这个作品获得 2006 年由美国数学会和《科学》杂志共同举办的"科学工程可视化挑战赛"（Science and Engineering Visualization Challenge）的第一名。

利用克莱因瓶作为艺术创作素材的画家还有一些。其中比较著名的是瑞士超现实艺术家本尼迪克特·诺特（Benedikt Notter）。建议读者找到他的作品欣赏一下。

有人说，我们所居住的宇宙都在一个黑洞中，而这个黑洞又在另一个黑洞里。这个过程永无止境。这似乎很像克莱因瓶。

在我们惊叹人们的想象力和创作激情的同时，我们也不要忘记，克莱因瓶在我们所处的物理世界里是不可能实现的。于是我们对有人竟然声称制作出了真正的克莱因瓶并申请了制作专利（专利号：US 6419111 B1，如图 12.11）而感到好笑。这种人恐怕是没有学好数学或者是在开玩笑吧。

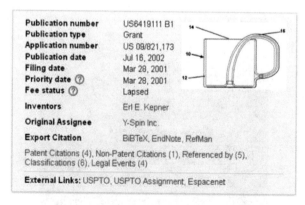

图 **12. 11** 网页截图：申请的 US 6419111 B1 专利 /Google

想象力是无穷的，虽然莫比乌斯带和克莱因瓶这一对拓扑学中的艺术双雄已经足够让人一饱眼福了，但读者朋友们，也请开动一下脑筋，像克莱因、莫比乌斯、李斯廷一样想象出新奇美妙的数学吧。

参考文献

1. Rachel Thomas. Still life，＋plus magazine. 2006 年 10 月 4 日.

2. Wolfrram mathe World. Klein Bottle. http：//mathworld. wolfram. com/KleinBottle. html.

3. Mark Heath. Nobrow Cartoons. http：// www. futilitycloset. com/2012/08/07/nobrow-cartoons-by-mark-heath-4/.

4. 梁进. 埃舍尔的高维尝试：克莱因瓶. 中国科学报，2014 年 8 月 8 日.

5. T. B. Muenzenberger. Mobius Strips and Klein Bottles. http：// www. math. ksu. edu/～ muenz/560/Mobius％ 20Strips％ 20and％ 20Klein％ 20Bottles. pdf.

6. M. Gardner. "Klein Bottles and Other Surfaces." Ch. 2 in The Sixth Book of Mathematical Games from Scientific American. Chicago，IL：University of Chicago Press，9－18，1984.

人名索引

A

J

加德纳(Martin Gardner，1914－2010)　§2.3，§11.4

加克(Harald Garcke)　§1.5

蒋英(1919－2012)　§4.20

杰夫·凯恩(Jeff Keane)　§7.3

K

卡普兰(Paul Kaplan)　§1.6

卡普兰斯基(Irving Kaplansky，1917－2006)　§4.0，§4.17

开普勒(Johannes Kepler，1571－1630)　§1.1，§1.3，§1.5

凯莱(Arthur Cayley，1821－1895)　§4.5，§4.9

康德(Immanuel Kant，1724－1804)　§5.0

康纳利(Nick Connolly)　§3.3

柯西(Augustin－Louis Cauchy，1789－1857)　§4.5

科恩(Richard Cohn，1955－　)　§4.23

科赫(Helge von Koch，1870－1924)　§1.2

克莱布什(Rudolf Friedrich Alfred Clebsch，1833－1872)　§12.2

克莱因(Felix Christian Klein，1849－1925)　§4.11，§12.2

克雷蒂安(Philippe Chrétien)　§3.4

克里福德·阿当斯(Clifford W. Adams)　§2.3

克里福德·斯托尔(Clifford Stoll，1950－　)　§12.3

克立雅托夫(Alexey Kljatov)　§1.3

克鲁恩(Tom Clune)　§1.4

克罗内克(Leopold Kronecker，1823－1891)　§12.2

克塞纳基斯(Iannis Xenakis，1922－2001)　§4.23

肯迪格(Keith Kendig)　§4.13

【附录】 数学都知道，你也应知道

　　"数学都知道"作为第一著者在科学网博客的一个专栏是从转摘奇客(Solidot)的几篇数学报道开始的。奇客是"ZDNet 中国"旗下的科技资讯网站，主要面对开源自由软件和关心科技资讯的读者，包括众多中国开源软件的开发者、爱好者和布道者。它发布的数学消息虽不多，但特别能跟上时代的步伐，而似乎很多数学爱好者并不知道。于是，第一著者决定把它的数学消息转摘到博客里，为数学传播略尽绵薄之力。为了建立一个自成品牌的系列博文专栏，特意选择"数学都知道"作为标题，一来这个词组从未有人使用过，二来它兼有"数学"和"传播"两种意味，恰恰符合著者的初衷，可以说"数学都知道"有一定的自身特色，也带有强烈的使命感。

　　"数学都知道"尽量收集互联网上最新的有关数学的信息。从开始只有文字表述，到后来增加了插图，再后来又开始收入科学网博客里的数学博文，信息量随之增大。从 2010 年 4 月 5 日起，每个月至少出一期。这个专栏其实相当于一份电子期刊，收录国内外中英文网站、博客、微博、论坛上的数学科普文章，精心编辑刊首语、题目、摘要、图片。对于国内的一些读者，考虑到语言可能是一个屏障，所以会给出一些英文文章的中文说明，引导读者去阅读。每一篇文章亦都有链接，可以使读者看到全文。特别要提醒大家的是，虽然有些网页不能打开，但是只要能打开的，一定要在那个网站上多浏览一番，应该能发现很多有益的内容。

　　这个专栏推出之后，一直受到读者的鼓励与好评，科学网编辑也注意到了这个专栏，后来几乎每期都加精，甚至置顶，看到的人越来越多，喜欢它的人也越来越多，着实令著者欣慰。当然由于是著者个人自发的行为，时间和精力又都很有限，有时难免会有一些不该收录进去的条目。在此，非常感谢热心读者提出的宝贵建议和意见！同时也提醒读者朋友们在阅读"数学都知道"时也要注意识别信息，选取对自己有用的资讯。总之，衷心希望"数学都知道"能够带给读者朋友们一丝收获和帮助！下面摘录一些过去在"数学都知道"专栏里收集过的条目，使那些从未接触过它的读者感受一下它的内容。希望那些对数学应用感兴趣的读者到科学网继续跟踪这个专栏。

数学嘉年华	
http：//aperiodical.com/category/columns/carnival-of-mathematics/	
	这是一个类似于著者"数学都知道"的数学消息博客，每月一期，接受任何与数学有关的消息。但与"数学都知道"不同的是，"数学嘉年华"每期由一位不同的数学博主主持。所以我觉得更应该把它叫作"数学接力棒"。
【善科网】一个数学在线教育及普及的网站	
http：//www.mysanco.com	
	这是一个数学家创办的基于网络的数学学习交流平台，把创意和教育资源巧妙地融为了一体，面向所有层次的数学爱好者和数学使用者，展现了数学与网络结合的美妙，使人体验数学创意教学的乐趣。主要包括题库、问答、文库、书单、视频、试卷、杂志、微博等栏目。杂志网址：http：//www.global-sci.org/mc/。微博网址：http：//weibo.com/mathematicalculture。

续表

【美国数学联合会】欧拉是如何做到的
http://www.maa.org/ed-sandifers-how-euler-did-it

L. Euler | 这是一个关于欧拉的文汇。作者是研究欧拉的专家 Ed Sandifer。文章都很有趣。比如 1748 年，当欧拉出版《无穷分析引论》时是怎么计算对数的？他的科学工作都是正确的吗？欧拉公式是他发现的吗？欧拉一生有巨大成就。他是怎样做到的呢？ |
| 【Kenneth Baker】有理同伦圆 |
| http://sketchesoftopology.wordpress.com/2009/12/10/a-rational-circle/ |
|

Kenneth Baker | 加州大学数学物理教授 John Baez 开办了一个"本周新发现"（This Week's Finds）栏目。在第 286 期里，他描述了有理同伦圆的构造方法。这个专栏类似于著者博客上的"数学都知道"，是一个很值得每期都通读的栏目。网址是：http://math.ucr.edu/home/baez/TWF.html。 |
| 【Ian Fieggen】两万亿系鞋带的方法 |
| http://www.fieggen.com/shoelace/2trillionmethods.htm |
| 在一只有 6 对鞋带孔眼的鞋子上有几乎两万亿种系鞋带的方法，你信不信？我们可以用数学算出来。当然现实中，人们系鞋带还需增加一些条件。这样的模型就更复杂了，方法也减少了。最后是 43 200 种。 |
| 【Thomas F. Banchoff】教你画 3D，4D 函数 |
| http://www.math.brown.edu/~banchoff/DrawingTutorial/ |
|

Thomas Banchoff | 现在高科技已经使得曲线和曲面的生成易如反掌，但有的时候你可能还是想自己把图像画出来。那就从这里起步吧。Banchoff 教授带你一步一步画出 3D 空间里的曲面来，甚至还有 4D 里的超曲面。学完之后还有练习题。保证你学到手。 |
| 【剑桥大学】PLUS 杂志给教师准备的资料：数学和艺术 |
| http://plus.maths.org/content/os/issue54/package/index |

续表

剑桥大学的 PLUS 在线杂志第 54 期为教师提供了一组数学与艺术的资料，内容涉及影视摄影、建筑设计、家具时装、舞台音乐等。本期还有剑桥大学为中小学数学教育提供的咨询的 NRICH 网页。还有为教师提供的其他资讯的链接（博弈、体育、逻辑、力学、证明等）。

【发现杂志】反恐中的数学

http：//science. slashdot. org/story/10/12/13/2250249/Statistical-Analysis-of-Terrorism

> 看似随机的恐怖袭击却蕴藏着一种模式。另外一篇"恐怖袭击的统计分析"认为，恐怖袭击的模式遵循数学上的幂定律（power law）。

【今日宇宙】扭曲空间和时间的图像化的新途径

http：//www. universetoday. com/84807/a-new-way-to-visualize-warped-space-and-time/

> 加州理工、康奈尔大学和南非的国立理论物理研究所的研究人员开发了一套新的工具称为 tendex line 和 vortex line，代表由扭曲空间和时间生成的引力。它们和电磁场线类似。他们特别研究了黑洞碰撞的计算机模拟。

【经济学人】植被的分布形式与猫科动物斑纹极为相似

http：//www. economist. com/node/21542719

> 《经济学人》文章"数学生态学之抽样调查"结论：植被的分布形式与猫科动物斑纹极为相似。虎斑灌木生在干旱地区，研究发现其纹理与猫科动物相似。这样图灵对于动物斑纹的数学刻画（非线性反应扩散机制）就可灵活解释虎斑灌木的形成，远优于传统的水流和植被解释机制。

【Brendan Griffen】维基百科之数学家网络图

http：//brendangriffen. com/gow-mathematicians/

> 历史上哪位数学家的影响大？他们之间有什么联系？有个软件 Freebase 可以帮你。Freebase 是一个有关著名人物、事件和地方的数据库。它从网上收集数据，包括维基百科。用 Profession＝＝Mathematician 过滤出来就行了。结果不出乎意外：亚里士多德、牛顿、伊本·西那、高斯等人最为显著。等一等，谁是伊本·西那？

续表

【Patrick Stein】将伽罗瓦域可视化
http：// nklein. com/2012/05/visualizing-galois-fields/
Patrick Stein ｜ 伽罗瓦域以许多不同的方式用于实际应用中。例如，AES 加密标准就使用它们。伽罗瓦域 GF($2n$) 有 $2n$ 个元素。这些元素由次数小于 n 的所有系数为 0 或 1 的多项式来表示。借用有限域和里德—所罗门编码，可以把伽罗瓦域表现出来。
【普林斯顿高等研究院】数学家开发了新的描述极其复杂的形状的方法
http：// www. eurekalert. org/pub _ releases/2012-07/aiop-mdn072812. php
位于新泽西州的高级研究院的数学家们，在拓扑结构和分形之间建立了一个"桥联"，从而发现了一种新的描述极其复杂的形状的方法。这些形状包括金属的微小缺陷和碎波的泡沫。
【James Dabbs】拓扑空间数据库：π-Base
http：// topology. jdabbs. com/
π-Base 是一个拓扑空间及其性质的数据库。作者是受到《拓扑中的反例》一书的启发而建立的。但他似乎只是一个人的努力，而且他似乎已经不是在做数学。所以这个数据库能不能长久还不可知。不过，也许你能帮助他维持并扩充这个数据库呢。
【纽约时报】人的头上为什么有旋？
http：// opinionator. blogs. nytimes. com/2012/09/10/singular-sensations/
人的头上为什么有旋？百度的解释是便于梳理。数学家说这是因为微分拓扑中的消没定理，双数维球面上的向量场必有零点。这也是为什么龙卷风中心没有风。《纽约时报》有篇文章专门讲这个，还提到 Penrose 指纹定理，每个人指纹上的三角汇总数与螺旋总数之差总等于 4。
【莱布尼茨天体物理研究所】用人工智能给宇宙制表
http：// www. aip. de/en/news/press/Kitaura
德国天文学家开发出一种人工智能算法，帮助他们以前所未有的精度绘制和解释我们周围宇宙的结构和动力学。波茨坦的莱布尼茨天体物理研究所的 Francisco Kitaura 领导的研究小组在英国皇家天文学会月报上报告了其结果。

续表

【连线】给沃森大夫的一条短信
http：// www. wired. com/wiredscience/2012/10/watson-for-medicine/

IBM

IBM 沃森超级计算机在电视智力竞赛节目"危险边缘"（Jeopardy!）上战胜了最高奖金得主和连胜纪录保持者后，IBM 就把目标移到了临床诊断上来了。但人工智能是否能最终代替医生行医在医学界有很大的分歧。IBM 的这项努力是否可能，是否必要？

【Michael Koploy】如何成为一名成功的数据科学家
http：// math-blog. com/2012/10/25/how-to-become-a-successul-data-scientist/

似乎一夜之间，数据科学家们已经被推到网上关注的焦点。在 2012 年 10 月版的"哈佛商业评论"和"数据科学家"的位置被标示为 21 世纪最吸引人的工作。1. 毕业前后都集中精力在学术上；2. 先成为一个商业人才；3. 熟悉相关工具。

【Ben Lorica】数据挖掘上兆个点的时间序列
http：// practicalquant. blogspot. com/2012/10/mining-time-series-with-trillions-of. html

Ben Lorica

对时间序列，数学家已经有很多研究了。但现在的问题是，对大数据，现有的工具不能胜任如此巨大的数据量。加州大学河边分校的研究人员开发了一组可以用于数万亿节点的时间序列的工具。它可以在动态时间校正和欧几里得距离下极快地搜寻。这是一个令人激动的新的算法，它一定会有许多应用。

【新科学人】数学证明显示拉马努金的天才魔法
http：// www. newscientist. com/article/mg21628904. 200-mathematical-proof-reveals-magic-of-ramanujans-genius. html

Charles F. Wilson

证明是数学的硬通货。但印度数学家拉马努金经常对给出的公式和定理不加证明。埃默里大学教授 Ken Ono 最近证明了一个拉马努金的结果。这个结果揭示了两个不同类的函数之间的关系，甚至可能被用于对黑洞的研究。而在拉马努金的年代，人们根本没有黑洞的概念。

续表

【NASA】NASA Wavelength 网站

http：// nasawavelength. org/resource-search？ facetSort ＝ 1&topicsSubjects ＝ Mathematics

| | NASA 新建了一个教育网站。其中一部分与数学有关。内容涉及代数、概率、几何、测量等。程度从学前班到大学不等。 |

【美国数学会】民主的数学

http：// blogs. ams. org/phdplus/2012/11/01/the-mathematics-of-democracy/

美国 4 年一次大选。数学家也没有置身于外。这是美国数学会的一个网页，收集了 4 篇文章："民主党在 2014 年难夺众议院""阿罗悖论""计算一下政治""本福特定律"。

【维基百科】硬币问题

http：// en. wikipedia. org/wiki/Coin _ problem

| 
Wikipedia | 硬币问题又叫找钱问题或换硬币问题，也有人称它为兑换邮票问题，是一个十分著名的问题。例如，不能获得只用 3 和 5 单位的硬币的量的最大值为 7 个单位。定义如下：令 $n \geqslant 2$，整数 $0 < a_1 < \cdots < a_n$，$GCD(a_1, a_2, \cdots, a_n) = 1$。$a_i$ 代表第 i 个硬币的面额，这 n 个硬币的可凑出之数可写成 $N = a_1 x_1 + a_2 x_2 + \cdots + a_n x_n$，其中 x_i 为非负整数。问题为求其最大无法凑出之金额。 |

【Cabinet】编织双曲平面

http：// www. theiff. org/lectures/05a. html？ goback ＝. gde _ 33207 _ member _ 184510075

直到 19 世纪，数学家还只知道两类几何：欧式几何和球面几何。由匈牙利人亚诺什和俄国人罗巴切夫斯基发现的双曲空间使人们大为惊讶。如今，康奈尔大学的数学家 Daina Taimina 用毛线织出了双曲超平面。

【Ben Lorica】除了词袋模型，也可以用置标语言来分析科学论文是怎样写的

http：// practicalquant. blogspot. com/2012/11/beyond-bag-of-words-using-markup-to. html

续表

报纸和学术刊物早已是文本挖掘和自然语言研究的流行数据之源。但是，如果你能得到生成论文的标记文本呢？实际的文本描述了内容本身，而标记文本确定了内容是如何联系在一起的。最近 AT&T 实验室和罗格斯大学的研究人员考察了数学家和计算机学家使用的 LaTex/Tex 代码，发现了一些有意思的现象。

【阿尔伯塔大学】数学模型排除错误嫌疑人

http://uofa. ualberta. ca/news-and-events/newsarticles/2012/09/mathtreema-yhelprootoutfraudsters

骗子们注意了，数学家开始行动了！加拿大、美国研究人员最近指出诈骗犯罪规律与瑞士数学家 Jakob Steiner 提出的 Steiner 树有关联。他们通过研究诈骗犯的电话呼叫记录、商业关系、家庭关系之类的社交网络，建立了有效的数学模型。模型可以排除大部分无关紧要的错误嫌疑人，以此加速破案。

【Phil Wilson】应用数学的哲学

http：//plus. maths. org/content/philosophy-applied-mathematics

数学的基础是什么？希尔伯特、罗素、哥德尔等都尝试过回答这个问题。进一步地，什么是应用数学呢？又如何把它上升到哲学的高度呢？这里的讨论基于一个我们通常忽略的事实：我们的世界可以数学地去理解。本文要说的就是：为什么数学可以被用来描述整个世界？

【马德里大学】一个破译菜花的几何形状表面的数学公式

http：//　phys. org/news/2012-12-mathematical-formula-decipher-geometry-surfaces. html

在马德里卡洛斯三世大学（UC3M）的科学家们参加一个研究项目，第一次描述了诸如菜花表面发展的复杂的天然图案。数学上是分形的思想。

【麻省理工学院】数学的一个新“分支”

http：//newsoffice. mit. edu/2012/river-networks-mathematics-1205

 MIT	河流和山谷形成了错综复杂的分支模式，这引起了麻省理工学院的数学家的兴趣。他们发展了一套理论来解释河流网络的几何，并讨论这种几何未来将如何变化。研究人员发现山谷网络分支点有一个共同的角度。

续表

【剑桥大学】数学上的突破为更有效的量子隐形传输建立了规则

http：// www. cam. ac. uk/research/news/mathematical-breakthrough-sets-out-rules-for-more-effective-teleportation/

量子遥传是一种利用分散量子缠结与一些物理讯息的转换来传送量子态至任意距离的位置的技术。量子遥传并不会传送任何物质或能量。这样的技术在量子通信与量子计算上相当有帮助。但这种方式无法传递传统的资讯，因此无法使用在超光速通信上面。现在研究人员找到了一种提高这些连接效率的办法。这使我们向隐形传输又近了一步。

【麻省理工学院】多米诺骨牌反映的数学

http：// www. technologyreview. com/view/509641/the-curious-mathematics-of-domino-chain-reactions/

MIT

一个多米诺骨牌推倒更大的多米诺骨牌，但到底能有多大呢？一位数学家认为他找到了多米诺骨牌的连锁反应背后的秘密。

【Ian Stewart】数学大问题

http：// www. huffingtonpost. com/ian-stewart/great-mathematical-problems _ b _ 2569381. html

数学家们一直着迷于其从事主题的重大问题。其中有些问题千百年来一直困扰着我们，有些问题已经存在了几十年。有些问题，任何人都可以理解，有些深奥的问题需要大量的专业背景知识。

【纽约时报】赌博机器题目的解

http：// gottwurfelt. com/2013/03/11/solution-to-the-gambling-machine-puzzle/

据《纽约时报》博客 Numberplay 消息：一位风险投资人设计了一个新的赌博机器如下：选择两个随机变量 x 和 y，它们是在 0 和 100 之间均匀并独立地分布。他计划告诉顾客 y 的值，并问 $y>x$ 还是 $x>y$。如果顾客答对了，他得到 y 美元。如果 $x=y$，他得到 $y/2$ 美元。如果他错了，他什么都得不到。这位风险投资人计划收取 $40 费用。你会玩吗？